宁波茶通典

茶业典

宁波茶文化促进会　组编

韩震　著

中国农业出版社
北京

丛书编委会 宁波茶通典

宁波茶通典 · 茶业典

本书参编人员

主编

姚国坤　研究员，1937年10月生，浙江余姚人，曾任中国农业科学院茶叶研究所科技开发处处长、浙江树人大学应用茶文化专业负责人、浙江农林大学茶文化学院副院长。现为中国国际茶文化研究会学术委员会副主任、中国茶叶博物馆专家委员会委员、世界茶文化学术研究会（日本注册）副会长、国际名茶协会（美国注册）专家委员会委员。曾分赴亚非多个国家构建茶文化生产体系，多次赴美国、日本、韩国、马来西亚、新加坡等国家和香港、澳门等地区进行茶及茶文化专题讲座。公开发表学术论文265篇；出版茶及茶文化著作110余部；获得国家和省部级科技进步奖4项，家乡余姚市人大常委会授予"爱乡楷模"称号，是享受国务院政府特殊津贴专家，也是茶界特别贡献奖、终身成就奖获得者。

总序

踔厉经年，由宁波茶文化促进会编纂的《宁波茶通典》（以下简称《通典》）即将付梓，这是宁波市茶文化、茶产业、茶科技发展史上的一件大事，谨借典籍一角，是以为贺。

聚山海之灵气，纳江河之精华，宁波物宝天华，地产丰富。先贤早就留下"四明八百里，物色甲东南"的著名诗句。而茶叶则是四明大地物产中的奇葩。

"参天之木，必有其根。怀山之水，必有其源。"据史料记载，早在公元473年，宁波茶叶就借助海运优势走出国门，香飘四海。宁波茶叶之所以能名扬国内外，其根源离不开丰富的茶文化滋养。多年以来，宁波茶文化体系建设尚在不断提升之中，只一些零星散章见之于资料报端，难以形成气候。而《通典》则为宁波的茶产业补齐了板块。

《通典》是宁波市有史以来第一部以茶文化、茶产业、茶科技为内涵的茶事典籍，是一部全面叙述宁波茶历史的扛鼎之作，也是一次宁波茶产业寻根溯源、指向未来的精神之旅，它让广大读者更多地了解宁波茶产业的地位与价值；同时，也为弘扬宁波茶文化、促进茶产业、提升茶经济和对接"一带一路"提供了重要平台，对宁波茶业的创新与发展具有深远的理论价值和现实指导意义。这部著作深耕的是宁波茶事，叙述的却是中国乃至世界茶文化不可或缺的故事，更是中国与世界文化交流的纽带，事关中华优秀传统文化的传承与发展。

宁波具有得天独厚的自然条件和地理位置，举足轻重的历史文化和人文景观，确立了宁波在中国茶文化史上独特的地位和作用，尤其是在"海上丝绸之路"发展进程中，不但在古代有重大突破、重大发现、重大进展；而且在现当代中国茶文化史上，宁波更是一块不可多得的历史文化宝地，有着举足轻重的历史地位。在这部《通典》中，作者从历史的视角，用翔实而丰富的资料，上下千百年，纵横万千里，对宁波茶产业和茶文化进行了全面剖析，包括纵向断代剖析，对茶的产生原因、发展途径进行了回顾与总结；再从横向视野，指出宁波茶在历史上所处的地位和作用。这部著作通说有新解，叙事有分析，未来有指向；且文笔流畅，叙事条分缕析，论证严谨有据，内容超越时空，集茶及茶文化之大观，可谓是一本融知识性、思辨性和功能性相结合的呕心之作。

这部《通典》，诠释了上下数千年的宁波茶产业发展密码，引领你品味宁波茶文化的经典历程，倾听高山流水的茶韵，感悟天地之合的茶魂，是一部连接历史与现代，继往再开来的大作。翻阅这部著作，仿佛让我们感知到"好雨知时节，当春乃发生，随风潜入夜，润物细无声"的情景与境界。

宁波茶文化促进会成立于2003年8月，自成立以来，以繁荣茶文化、发展茶产业、促进茶经济为己任，做了许多开创性工作。2004年，由中国国际茶文化研究会、中国茶叶学会、中国茶叶流通协会、浙江省农业厅、宁波市人民政府共同举办，宁波茶文化促进会等单位组织承办的"首届中国（宁波）国际茶文化节"在宁波举行。至2020年，由宁波茶文化促进会担纲组织承办的"中国（宁波）国际茶文化节"已成功举办了九届，内容丰富多彩，有全国茶叶博览、茶学论坛、名优茶评比、宁波茶艺大赛、茶文化"五进"（进社区、进学校、进机关、进企业、进家庭）、禅茶文化展示等。如今，中国（宁波）国际茶文化节已列入宁波市人民政府的"三大节"之一，在全国茶及茶文化界产生了较大影响。2007年举办了第四届中国（宁波）国际茶文化节，在众多中外茶文化人士的助推下，成立了"东亚茶文化研究中心"。它以东亚各国茶人为主体，着力打造东亚茶文化学术研究和文化交流的平台，使宁波茶及茶文化在海内外的影响力和美誉度上了一个新的台阶。

宁波茶文化促进会既仰望天空又深耕大地，不但在促进和提升茶产业、茶文化、茶经济等方面做了许多有益工作，并取得了丰硕成果；积累了大量资料，并开展了很多学术研究。由宁波茶文化促进会公开出版的刊物《海上茶路》（原为《茶韵》）杂志，至今已连续出版60期；与此同时，还先后组织编写出版《宁波：海上茶路启航地》《科学饮茶益身心》《"茶庄园""茶旅游"暨宁波茶史茶事研讨会文集》《中华茶文化少儿读本》《新时代宁波茶文化传承与创新》《茶经印谱》《中国名茶印谱》《宁波八大名茶》等专著30余部，为进一步探究宁波茶及茶文化发展之路做了大量的铺垫工作。

宁波茶文化促进会成立至今已20年，经历了"昨夜西风凋碧树，独上高楼，望尽天涯路"的迷惘探索，经过了"衣带渐宽终不悔，为伊消得人憔悴"的拼搏奋斗，如今到了"蓦然回首，那人却在灯火阑珊处"的收获季节。编著出版《通典》既是对拼搏奋进的礼赞，也是对历史的负责，更是对未来的昭示。

遵宁波茶文化促进会托嘱，以上是为序。

宁波市人民政府副市长　杨勇

2022年11月21日于宁波

目录

宁波茶通典·茶业典

宁波茶业概述

宁波市产茶历史悠久，是我国茶叶著名产区和海上茶路启航地，自唐代中期至今，茶叶、茶具包括茶文化，从宁波港源源不断输往世界各地。宁波系传统绿茶产地，余姚瀑布仙茗记载于"茶圣"陆羽之《茶经》；宁海茶山茶被宋代端明殿大学士、著名书法家、茶学家蔡襄，赞誉品质在当时贡茶绍兴日铸茶之上。宁波贡茶自元至元十八年（1281）至明万历二十三年（1595）有314年历史，具有时间久长、数量众多、制作讲究等特点。当代宁波茶产业、茶文化繁荣兴旺，彩色茶研发领先全国，宁波名优绿茶品质获国内知名专家肯定，3 600亩[①]福泉山茶场被誉为世界最美茶园之一。茶叶产业是宁波优势特色农业产业，是山区农业不可替代的主导产业，是重要农业出口创汇物资，确保茶叶产业持续稳定向上的发展，不仅有利于宁波市山区农民增收、农业增效，而且是促进美丽宁波、美好宁波建设的需要。

第一节　茶叶产销

　　晋代，宁波已有茶叶生产的记载。晋《神异记》记述了余姚人虞洪在四明山中遇仙得茶的故事。唐代，宁波茶业开始兴旺，茶圣陆

---

　　① 亩为非法定计量单位，15亩＝1公顷。——编者注

羽在《茶经》中记述:"浙东,以越州上,(余姚县生瀑布泉岭,曰仙若,大者殊异,小者与襄州同。)明州、婺州次,(明州鄮县生榆筴村)",宁波成为当时全国八大产区。宋代我国茶叶有了进一步的发展,《宋会要辑稿·食货志》载,1162年绍兴府的余姚等8县茶叶数量达19.2吨,明州的慈溪、象山、奉化、鄞县等为25.5吨。《宋史·本纪》载:"1087年,明州、杭州、广州、泉州设立船舶司……明州则有日本、高丽商船往来,为我国茶叶主要输出口之一。"同时,来天台国清寺和宁波天童寺的日本僧人携带茶籽归国促成了茶叶种植向世界的传播。

自宋以后,宁波作为我国"海上茶路启航地",向东是海上茶路的始发,向西开创了西欧、非洲输出珠茶的通道,向北刘峻周是格鲁吉亚茶业创始人之一,对于茶叶向世界的传播发挥了重要作用。鸦片战争以后40年间,宁波作为五口通商口岸之一,出口了全国1/7、近2万吨茶叶。1928年,宁波港出口茶叶6 415吨,其中小珠绿茶4 409吨,这个纪录直到1988年宁波口岸恢复出口权后才被刷新。

新中国成立后,宁波茶业迎来了大发展,茶园面积快速发展,到1982年全市茶园总面积达到20余万亩。2007年,历史最高产量达到22 728吨。自1988年宁波口岸享有出口权和1996年外贸出口权下放以来,宁波市茶叶出口总体上保持了稳定快速向上的发展势头。2018年,宁波市出口企业输出茶叶2.64万吨,创汇9 508万美元。宁波茶园逐步形成余姚、宁海面积5万亩以上的重点产区,奉化、海曙、鄞州、象山、北仑5个1万~2万亩的中等产区,江北、慈溪、镇海、东钱湖等面积1万亩以下的零星产区,2019年,全市茶园总面积达21.6万亩,年产量1.78万吨,年产值约9亿元。

第二节　产业结构

宁波隶属江南茶区，为绿茶生产区域，兼产红茶等茶类。余姚瀑布仙茗、宁海茶山茶、贡茶四明十二雷茶、鄞县太白山茶、象山珠山茶等20多种历史名茶以及晚清以来的珠茶，先后在不同时期登上我国茶史的舞台，其中四明十二雷茶是明朝初年我国茶叶加工由蒸青团茶向炒青散茶轻型的代表性茶类，珠茶是我国现存出口茶叶中历史最长的重要茶类。

进入"十二五"后，宁波市茶业在继续保持名优茶为效益主体的同时，开展了"减蒸、增红、探花色"的茶类结构优化调整，增加工夫红茶生产，开发黑茶、茶粉、抹茶、茉莉花茶等花色茶类，已形成名优茶为主导，多茶类协同发展的产业格局。近年，名优茶形成以余姚、慈溪为重点的针形茶产区，宁海为重点的条形茶产区，奉化、江北为重点的蟠曲茶产区以及北仑、鄞州、海曙、象山、镇海的扁形茶产区，主要依靠"一县一品"的品牌创造效益规模，形成了瀑布仙茗、望海茶、奉化曲毫、印雪白茶、半岛仙茗、太白滴翠、它山堰茶等公共品牌和望府茶、东海龙舌、嵩雾一叶等一批企业品牌。在激烈的市场竞争中，望海茶、余姚瀑布仙茗、奉化曲毫、东海龙舌、三山玉叶等品牌效益逐步凸显，形成了"品牌＋产业集群＋农户"的产业化发展模式，构建了望海茶、奉化曲毫、余姚瀑布仙茗等产业集群。传统出口产品由珠茶逐步向效益良好的眉茶转变，红茶和抹茶产品在市场中消费量逐步增加，茶叶产值与效益实现了平稳发展态势。

第三节 质量管理

开展茶园良种化改造。加大以名优茶生产为主的立体栽培技术的推广应用,加强以黄金芽、御金香、望海茶1号等新优茶树品种为主的茶园改造。推进茶园质量管理,到2019年,宁波市通过无公害认证企业57家,绿色食品(茶叶)认证企业18家,有机茶认证企业20余家。美化茶园生态景观,促进产业融合发展,打造彩色茶园综合体,到2020年,创建浙江省生态茶园13家。

提升茶叶加工水平。推进标准厂房建设和标准化生产,先后制定了《名优绿茶生产技术规程》《宁波白茶生产技术规程》等6个市级地方标准,加大"机器换人"步伐,开展以摊青空气处理机组、电磁滚筒杀青机、开放式连续回潮机、连续化全自动压扁机组、燃油式连续烘干机等连续化加工设备为主的推广应用,14家茶企获浙江省标准化名茶厂称号。

提高名优茶品质。通过加工技术交流和培训,新品种、新技术、新设备等应用推广,茶叶评比和点评等活动,以及产品加工工艺的不断完善,名优茶品质得到有效提高。宁波名茶在全国及省级茶叶评比中屡获殊荣,在第二届中国国际茶叶博览会金奖名茶推选中,全国108个金奖产品宁波获得金奖名茶4个。宁波名茶在"中绿杯"全国名优绿茶产品质量推选活动中获奖占比较高,得到全国高校、科研单位、学者专家的高度肯定。

加强质量体系建设。推行茶叶SC制度,到2019年获得SC证书的企业约150家,几乎涵盖了有一定规模名优茶生产单位,出口企业实行茶叶基地备案管理,备案企业11家。余姚瀑布仙茗、奉化曲毫获农产品地理标志产品称号。

第四节　科技创新

在各级科技、农业农村、林业等相关部门的支持下，宁波市企业和技术推广部门联系科研院校，完成了宁波科技项目"白化茶早生高氨新品种选育与产业化关键技术研究""宁海茶树优异资源保护与开发技术研究""环保节能电磁滚筒杀青机的研发""新型高效节能茶叶干燥设备的研发"等项目研究，取得了一批重大创新成果。"黄金甲""黄金毫""醉金红""瑞雪1号"等10个白化茶品种获得国家植物新品种授权，"望海茶1号""御金香"等列入省茶树品种统一区试计划，开发出电磁加热杀青机系列、数控多场联合加热全季节茶叶杀青机系列、数控电磁加热烘干机系列、数控燃油烘干机系列、数控揉捻分配系统和机组、连续摊青萎凋机、茶鲜叶分级机等控制精度高、能源消耗小、加工茶品优的先进设备，《白化茶种质资源系统研究与新品种产业开发》项目获浙江省科学技术进步三等奖，《白化茶早生高氨新品种选育与产业化关键技术》获宁波市科学技术进步二等奖等，使宁波市的特色新品种和新型高效成套茶机创新研发能力站上领先全国的高地。

第五节　茶文化与茶经济

随着对宁波茶文化不断的研究发掘和宣传推广，树立了宁波茶文化悠久丰厚的历史高地，确立宁波"海上茶路"启航地地位，发掘出20多项宁波茶文化之最，编辑出版《四明茶韵》《茶禅东传宁波缘》《"海上茶路·甬为茶港"研究文集》《茶经印谱》《中华茶文化少儿读本》等茶文化专著和论文集十余部，设立了海上茶路启航地、宁海茶山、余姚大岚和余姚梁弄镇瀑布泉岭道士山4座茶事纪念碑，余姚、宁海成为中国茶文化之乡，余姚瀑布仙茗和望海茶成为中华文化名茶。通过宁波国际茶文化节的举办，全面展示和推进宁波茶文化与茶产业的发展，宁波茶艺大赛为茶叶行业培养、提供了一批具有专业知识、技艺精湛的人员，茶文化"四进"活动丰富了市民业余文化生活，宣传、普及了茶业知识。各区、市、县相继开展了评茶员、茶艺员培训，到2019年，全市仅通过市人社局获得评茶员、茶艺师资格证书的人员分别为732人（次）和18 880人（次），文化、博览活动增多，从业队伍扩大。丰富多彩的茶文化活动，扩大了茶叶消费市场，茶叶批发市

海上茶路启航地纪事碑群

场发展快速，拥有金钟茶城、嵩江茶城、天茂36茶院、宁波二号桥市场、宁波联盛茶城、宁波横石桥市场（茶城）等大型茶叶批发市场，茶庄茶馆数量也迅速增加，茶经济繁荣。

第六节　产业战略

坚持政府对茶产业的引导，继续巩固和开拓具有区域特色优势的茶园、产品和经营方式，营造产业发展的特有氛围，把高附加值产品规模扩大放在效益茶业的首位，推进茶树良种化和加工全程连续化、自动化，使机械科技进步深入茶叶生产的各个环节，内贸产品大力打造品牌经济，重抓品牌产量规模和市场供应能力的扩张，外贸市场深入打造港埠经济，严格规范离岸商品质量控制，鼓励寻求高端市场，做好加工贸易、农旅结合、文化生活等二、三产业融合工作，持续开展茶文化节、茶业博览会、茶技能赛等活动，拓展产业发展空间，使茶产业成为宁波市农业中具有行业竞争优势和区域发展优势的特色产业，为农民增收、乡村振兴发挥重要作用。

第一章 ◎ 自然条件

宁波市位于东经120°55′—122°16′，北纬28°51′—30°33′，地处我国海岸线中段，长江三角洲南翼，属亚热带季风气候区，气候温和，光、水、热资源丰富，境内"两山"（天台山、四明山）、"三江"（姚江、奉化江、甬江）、"一港二湾"（象山港、杭州湾、三门湾）交错，山多田少，丘陵山地多属红黄壤，发展茶叶生产条件优越。

第一节　地　貌

　　宁波市地势西南高，东北低。地貌分为山地、丘陵、台地、谷（盆）地和平原。全市山地面积占陆域面积的24.9%，丘陵占比为25.2%，台地占比为1.5%，谷（盆）地占比为8.1%，平原占比为40.3%。茶叶主要分布在山地、丘陵地带。

第二节　山　脉

　　高山出好茶。四明山绵亘西北，尽于杭州湾，天台山逶迤东南，潜入东海，自西南逐步向东北缓慢倾斜，呈箕形地势。四明山脉、天台山脉，皆系斜贯浙江中部呈南西至北东走向的仙霞岭山脉，由天台县华顶山至宁海县境附近入境。入境后，南支为天台山脉，呈北东走向，缭绕境之南东；北支为四明山脉，呈近南北走向，逶迤境之西北，于南东、西北两翼钳夹宁波平原。

第三节 气 候

一、光热资源丰富，且四季分明

据多年气象资料，平原地区年平均气温16.1 ~ 16.5℃，≥10℃的年积温4 950℃，年平均无霜期253天，年日照1 900 ~ 2 100小时，日照率43% ~ 48%，热量条件能满足茶树生长要求，有较长的茶叶采摘期。但冬夏气温差异大，最热的7月份平均气温为27.5 ~ 28.2℃，大于35℃的日数平均有8天，最多达29天（1994年），全年大于30℃的日数65天左右，多数集中在7—8月。有的年份虽然旱期长（即无雨日多），但阴天多，日照少，因而高温日数不一定多（如1966年），这样的年份茶树受害相对较轻。高温日数多，旱期又长的年份（如1953年、1967年、1971年），对茶树的危害就重。最冷的1月气温为3.9 ~ 4.9℃，极端低温−11.1℃，稳定通过10℃的初日为3月31日，终霜期最早为3月17日，最迟为4月19日，容易出现冬季寒冻害和早春晚霜害。

二、雨量比较充沛，但峰谷明显

平均年降水量为1 370毫米，西部山地和东部丘陵地区为1 500毫米以上，平均干湿指数1.04，相对湿度82%。全年降水分布不均，3—7月为第一个雨期——春雨连梅雨，年均降水量367.9毫米，占年总降水量的26.54%；6—7月梅雨期，年均降水量339.9毫米，占年总降水量的24.52%。第二雨期为8—9月的秋雨台风雨，年均降水量340.3毫米，占年总降水量的24.54%。降雪一般出现在11月至次年3月，年均降雪日数最多为1—2月，其中降雪日数最少为北仑6.5天，最多为象山10.2天，市区三江片8.5天。茶树积雪覆盖，有利于过冬，但4月的终雪会使茶树嫩芽受冻。有的年份初霜特别早或晚霜特别迟（如4月的晚霜），茶树易遭冻害。

宁波茶区在茶树生育期内（≥10℃时期），降水量为1 205.8毫米，占年降水量的82.4%，在茶树生育期内降水量大于100毫米的月份亦有7个月，在茶树萌发及主要春茶采摘季节（3—4月）的月平均相对湿度为82%，3、4月的降水日数平均30.1天，5、6月降水日数平均34天，因此，在头茶、二茶采摘期间有一半以上时间是雨天。

三、逆温层普遍存在，微域生态复杂

茶叶主产区的西部山区，随海拔每上升100米，气温递减0.4～0.5℃，≥10℃的年积温减少150℃，雨量增加52毫米，无霜期减少6天，年平均气温15℃线、≥10℃的4 600℃积温线以及1 600毫米降水等量线，与海拔300米的走向基本一致。受地形地貌影响，在海拔200米上下的盆地、谷地，有随海拔上升而增温的"逆温层"，逆温层厚度为20～50米，逆温强度西坡最强，北坡最弱，冬季强，夏季弱，逆温最高可达5.5℃／（100米·年）。因此，冬季有利于茶树安全越冬，早春有利于茶芽早萌发，但坡地积温快，特别是西坡向茶园，鲜叶也易老化。北向的盆地，在冷暖气流交替频繁的春季，往往因冷气团下沉，加上辐射冷却，易产生霜冻，在平均气温达到5～6℃时，即出现暗霜；在平均气温达到2℃时，即出现明霜。西北坡，长冬季节受寒潮侵袭最严重，容易导致茶树干冻害。

四、主要灾害性天气及影响

1. 寒冻害　这类天气在宁波茶区发生概率较低，但影响很大。1991年12月27—31日，平原和高山区的气温分别降到−8℃和−13℃，且为雪后冰冻，全区9.52万亩茶园遭冻，使余姚市大岚镇下庄村的茶园第二年春茶减产45%。1993年1月28—29日强寒潮，气温降到−6.9℃，降幅达14.8℃，对全市8万亩茶园造成严重干冻害。

2. 旱热害　在宁波市发生概率为10～15年一遇，1994年夏秋季出现了百年不遇的严重旱热害。这年6月25日至8月17日的52天中，气温持续在30℃以上，其中≥35℃有25天，而同期降水量仅63毫米，全市7 400亩新建茶园有6 500亩受灾，象山县岭泥茶场和北仑区三山乡的无性系茶园、宁海县望府楼茶场的直播茶园茶树死亡率均达90%，鄞县福泉山茶场第三轮茶叶比上年减产87%。

3. 晚霜害　倒春寒出现频率较高，近年几乎每年都会出现，给春茶生产造成了严重影响。1993年，鄞县果艺场270亩茶园遭受晚霜害，萌发的茶芽和一芽一叶有91.3%受冻。1994年晚霜害，使象山林场的迎霜品种茶园受冻率达10%，余姚三七市茶场鸠坑种改造园受冻率达85%，导致中前期无茶可采。

4. 春季高温　春茶生产期间出现短期高温，对生产名优茶有严重影响。如1991年4月25—28日和1993年4月24—27日，气温都达25℃以上，1994年4月28日至5月16日，气温持续在30℃以上，造成茶树新梢猛长，生长加快，芽叶快速老化，导致来不及采摘，严重影响了春茶质量，加剧了采摘洪峰集中的矛盾。

第四节 土 壤

唐代陆羽《茶经·一之源》中有论述："其地，上者生烂石，中者生砾壤，下者生黄土。"明代慈溪人罗廪所撰《茶解》中亦有论述："种茶地宜高燥而沃，土沃则产茶自佳……茶地斜坡为佳，聚水向阴之处，茶品遂劣。故一山之中，美恶相悬。"《宁波市土壤鉴定土地规划报告》显示，根据地形地势，母岩分布和其他的自然条件，土壤母质的分布大体分为三个地区：一是东南半山区和西部山区，成土母质有原积、坡积之分，由凝灰质、石英岩、流纹岩、砂岩等分化而成；土壤特点：土层薄，质地粗，颜色呈红、黄或者灰黄色，层次不明显，保水保肥力差，通透性较好，呈酸性反应；代表土壤有砾地沙泥，油泥土、山边黄大泥、黄泥土、亮眼沙等。二是中部平原区，成土母质有滨海沉积和湖积两种；土壤特点：土粒匀细、黏性，土层深厚，水利条件较好，历来种植水稻；代表土壤有黄墡泥、灰墡泥及青紫泥等。三是沿海地区：成土母质是滨海沉积，成土利用时间均较平原地区的短，土壤仍含有盐分，即使围垦时间较长的地方，夏季亦有返咸现象；土质黏僵，通透性差，层次不明显，表土易结皮和返咸；代表土壤有咸墡僵土、重咸土、咸僵泥等。

茶树种植多为山林杂地，土壤以红壤、黄壤为主。1980年，全市茶园面积20.5万亩（宁波市统计局数据），按高度分层，低于海拔50米的茶园面积5.92万亩，占比为28.86%；50～250米的茶园面积5.58万亩，占比为27.20%；250～500米的茶园面积4.63万亩，占比为22.57%；500米以上的茶园面积4.38万亩，占比为21.37%。按土壤类别分，红壤类茶园17万亩，占茶园总面积的82.92%；黄壤类茶园1.57万亩，占比为7.65%；粗骨土类茶园1.84万亩，占比为8.96%；山地酸性紫色土类茶园0.1万亩，占比为0.47%。

第二章 ◎ 茶区产业现状

宁波辖海曙、江北、镇海、北仑、鄞州、奉化6个区，宁海、象山2个县，慈溪、余姚2个县级市，10个区、县（市）都有茶叶种植生产。

第一节　余姚市茶业现状

2019年，余姚市茶园面积6.4万余亩，产量5 835吨，产值3.2亿元左右，全市共有6个街道办事处、14个镇、1个乡，17个镇乡（街道）均有茶园，茶园面积千亩以上有大岚镇、四明山镇、鹿亭乡、梁弄镇、梨洲街道、兰江街道、陆埠镇等，大岚镇茶园面积超万亩。

主要茶树品种而言，1965年开始引种福鼎白毫、迎霜、浙农21、龙井43、藤茶等良种，20世纪80年代末期以来，先后引进了乌牛早、迎霜、翠峰、福鼎大白茶、龙井43、安吉白茶等无性系良种，1995年由三七市镇石步村村民张某发现了15株自然变异的茶树新品种，通过茶叶科技工作人员十余年的共同努力，选育成黄色、白色、花色三个色系10余个新品种，其中黄金芽、千年雪、小雪芽新品种中的4个基因序列，被美国国家生物基因库收录。2007年，黄金芽和四明雪芽被浙江省林木品种审定委员会认定为林木良种。2002年和2009年获"浙江省茶树良种先进县"称号。

主要茶类有珠茶、烘青、花茶、名优绿茶、红茶等。20世纪90年代后期，创建了产、加、销一体化的生产出口珠茶的经营模式，先后发展初制茶厂400家，精制茶厂30家，出口拼配企业1家，年加工能力近万吨，年出口珠茶5 000吨以上，出口值达4 000万元，成为全国重点产茶县和三大珠茶出口基地之一。1994年8月余姚茶场与日本株式会社伊藤园签约，合资生产蒸青茶项目达成协议，成立宁波市第一家茶叶外商合作企业——宁波舜伊茶业有限公司，是浙江省最早引进蒸青生产流水线的县市。

1999年10月，以"一市一品"为契机组建了余姚瀑布仙茗协会，推进实施了瀑布仙茗品牌战略，并注册"余姚瀑布仙茗"证明商标，2001年以"协会＋合作社＋企业（大户）＋农户"经营模式，逐步整合全市茶叶品牌，推进瀑布仙茗产业的迅速发展。2009年余姚市以紧紧围绕"兴一个产业、富一方百姓"宗旨，专门出台了《关于进一步加快茶产业发展的若干意见》，以提升"余姚瀑布仙茗"品牌建设为战略重点，大力推进茶叶生产规模化、现代化、优质化、产业化、品牌化进程，全面提升茶产业发展水平，市财政在3年内每年安排1 000万元重点用于余姚瀑布仙茗茶产业发展，并成立了余姚市茶叶产业指导管理办公室。2010年年底，全市有珠茶初制加工厂240家，精制厂42家，茶多酚生产厂1家，珠茶精制拼配企业4家，蒸青茶厂4家，生产线6条，具有一定生产规模和生产能力的名优茶加工企业53家。2010年起，余姚市被认定为中国茶文化之乡称号，余姚瀑布仙茗获中华文化名茶、农产品地理标志产品、浙江省优质名茶等殊荣。

余姚中国茶文化之乡称号牌匾

农产品地理标志登记证书

2019年，余姚瀑布仙茗生产单位（QS认证）达到46家，建成自动连续化名优茶生产线8条，产量800吨，产值1.85亿元，形成了名优茶以余姚瀑布仙茗产业集群为主导，大宗出口茶以余姚市华通茶厂、宁波卡特莱茶业有限公司等企业为龙头，花茶、抹茶等茶品以宁波舜伊茶业有限公司和宁波御金香抹茶科技有限公司等为主体，带动全市茶农的多茶类发展产业格局。

2019年，全市无公害农产品认证企业16家，主要名茶生产企业及重点出口茶企业核准注册商标50余个。

获得QS（CS）认证企业名录

企业名称	类型	编号
余姚市圣益林场	茶叶（绿茶）	QS3302 1401 0613
余姚市丈亭镇龙南茶场	茶叶（绿茶）	QS3302 1401 0476
余姚市屹立茶厂	茶叶（绿茶、红茶）	QS3302 1401 0302
余姚市国青茶场	茶叶（绿茶）	QS3302 1401 0418
余姚市夏巷红军茶场	茶叶（绿茶）	QS3302 1401 0336
余姚市杨杰园艺场	茶叶（绿茶）	QS3302 1401 1110
余姚市瀑布仙茗绿化有限公司	茶叶（绿茶）	QS3302 1401 1432
余姚市河姆渡镇车厩茶场	茶叶（绿茶）	QS3302 1401 1045
余姚市大隐镇美人峰茶厂	茶叶（绿茶）	QS3302 1401 0092
余姚马渚五巡茶厂	茶叶（绿茶）	QS3302 1401 0615
余姚市河姆渡镇金吾庙茶场	茶叶（绿茶）	QS3302 1401 0040
宁波卡特莱茶业有限公司	茶叶（绿茶、红茶、花茶）（分装）	QS3302 1401 1258
余姚岚山茶业有限公司	茶叶（绿茶）	QS3302 1401 0477
余姚市春迪茶业有限公司	茶叶（绿茶）（分装）	QS3302 1401 0982

企业名称	类型	编号
余姚市绿豪茶叶专业合作社	茶叶（绿茶）	QS3302 1401 0591
宁波十二雷茶业有限公司	茶叶（绿茶）	QS3302 1401 1075
余姚市华通茶厂	茶叶（绿茶）（分装）	QS3302 1401 1149
余姚市白水冲茶厂	茶叶（绿茶）	QS3302 1401 0433
余姚市河姆渡镇野山茶场	茶叶（绿茶）	QS3302 1401 1096
余姚市沁绿名茶有限公司	茶叶（绿茶）	QS3302 1401 0074
余姚市四明山仰天峰茶场	茶叶（绿茶）	QS3302 1401 1257
余姚市白鹿生态种养殖有限公司	茶叶（绿茶）	QS3302 1401 0593
余姚市舜西茶场	茶叶（绿茶）	QS3302 1401 0929
余姚市大岚创新农产品种养殖场	茶叶（绿茶）	QS3302 1401 0650
余姚市东山茶厂	茶叶（绿茶）	QS3302 1401 1516
余姚市夏巷荣夫茶厂	茶叶（绿茶）	QS3302 1401 0337
宁波市喜之祥茶业有限公司	茶叶（绿茶、红茶）	QS3302 1401 1051
余姚市河姆渡茶业有限公司	茶叶（绿茶）	QS3302 1401 1480
余姚市鹿亭石潭茶厂	茶叶（绿茶）	QS3302 1401 0959
余姚市河姆春茶业有限公司	茶叶（绿茶）	QS3302 1401 1046
宁波舜伊茶业有限公司	茶叶（绿茶、花茶）	QS3302 1401 0676
余姚市德氏家茶场	茶叶（绿茶、红茶）	QS3302 1401 0214
余姚市芸海茶厂（普通合伙）	茶叶（绿茶）	QS3302 1401 0387
余姚市陆埠镇十五岙茶场	茶叶（绿茶）	QS3302 1401 1216
余姚市华栋茶业有限公司	茶叶（绿茶）（分装）	QS3302 1401 1151
余姚市沁雨茶厂	茶叶（绿茶）	QS3302 1401 0393
余姚市梁弄明绿茶厂	茶叶（绿茶）	QS3302 1401 0303
余姚市大岚天雾茶厂	茶叶（绿茶）	QS3302 1401 1197

（续）

企业名称	类型	编号
余姚市雅峰茶厂	茶叶（绿茶）	QS3302 1401 0649
余姚珠茶厂	茶叶及相关制品	SC11433028100218
余姚市四窗岩茶叶有限公司	茶叶及相关制品	SC11433028100568
余姚市姚江源茶厂	茶叶及相关制品	SC11433028100314
余姚市河姆渡镇天峰茶厂	茶叶及相关制品	SC11433028100865
余姚市东澄茶场	茶叶及相关制品	SC11433028101317
余姚市国东茶厂	茶叶及相关制品	SC11433028101325
余姚市白罗岙生态茶场	茶叶及相关制品	SC11433028100339

无公害农产品认证企业名录

企业名称	产品	证书编号
余姚市四窗岩茶叶有限公司	绿茶	WGH-NB01-1800044
余姚市大隐镇美人峰茶厂	绿茶	WGH-NB01-1800045
余姚市芸海茶厂	绿茶	WGH-NB01-1800062
宁波十二雷茶业有限公司	绿茶	WGH-NB01-1800067
余姚市牟山湖茶叶专业合作社	绿茶	WGH-NB01-1800055
余姚市河姆渡茶业有限公司	绿茶	WGH-NB01-1800049
余姚市姚江源茶厂	绿茶	WGH-NB01-1800046
余姚市河姆渡镇金吾庙茶场	绿茶	WGH-11-03030
余姚市圣益林场	绿茶	WGH-14-05049
余姚市河姆渡镇虹岭茶场	绿茶	WGH-07-09648
余姚市杨杰园艺场	绿茶	WGH-08-09726
余姚市屹立茶厂	绿茶	WGH-17-03061
余姚市夏巷荣夫茶厂	绿茶	WGH-17-06162

企业名称	产品	证书编号
余姚市夏巷红军茶场	绿茶	WGH-17-03059
余姚市德氏家茶场	绿茶	WGH-10-06629
余姚市绿豪茶叶专业合作社	绿茶	WGH-13-06221

企业注册商标名录

企业名称	商标名称
余姚市沁绿名茶有限公司	沁绿
余姚市白水冲茶厂	白水缘
宁波黄金韵茶业科技有限公司	黄金韵
余姚市夏巷红军茶场	四明虎春
余姚市四窗岩茶叶有限公司	四窗岩
余姚市白鹿生态种养殖有限公司	白云飞瀑
余姚市岚山茶业有限公司	谷香四明
余姚市夏巷荣夫茶厂	茶净心
余姚市圣益林场	将军山
余姚市陆埠镇十五岙茶场	化安山
余姚市杨杰园艺场	茗邦露峰
余姚市国青茶场	舜青
余姚市绿豪茶叶专业合作社	绿豪
余姚市梁弄明绿茶厂	邝山
余姚市河姆渡镇金吾庙茶场	古河渡
余姚珠茶厂	香骏茶业、四明雀舌
余姚市屹立茶厂	四明春露
余姚市姚江源茶叶茶机有限公司	渚水之源

企业名称	商标名称
宁波十二雷茶业有限公司	四明十二雷
余姚市河姆渡镇天峰茶厂	七千春
余姚市马渚五巡茶厂	五巡
余姚市河姆渡镇野山茶场	河姆春
余姚市河姆渡茶业有限公司	古址曦茗
余姚市河姆渡镇车厩茶场	车厩
余姚市芸海茶厂	四明芸海
余姚市华通茶厂等	国外注册25个

第二节　宁海县茶业现状

　　2019年，宁海县茶园面积5.4万亩左右，主要分布在桑洲镇、深甽镇、茶院乡、岔路镇、黄坛镇、跃龙街道、一市镇、桥头胡街道、力洋镇、越溪乡等17个乡镇街道，茶叶总产量6 419吨，产值3亿元左右。20世纪50年代茶树主要品种以鸠坑茶为主。20世纪60年代起，先后引植福鼎白毫、迎霜、劲峰、翠峰、乌牛早、黄叶早、龙井43、菊花春、早逢春、歌乐、浙农117、白叶1号等22个优良品种。1982年，汶溪周大队建有8个品种、16亩市级良种母本园，主要生产的茶类有绿茶、白茶、红茶、黑茶等，主要名品有30多个。绿茶有望海茶、望府银毫、汶溪玉绿、宁波白茶等；红茶有望府金毫、望海红茶、太阳山红茶、裕竺红茶等；黑茶有"元音""赤岩峰"青砖茶等。

1999年，宁海县人民政府实施"树一个品牌、舞一个龙头，建一批基地，带一行产业"的望海茶品牌战略，确立望海茶为宁海茶叶区域公用品牌，宁海县茶业协会为质量和品牌管理机构，将原来较有名气但产量不高的名茶统一以"望海茶"冠名，并制订出台《望海茶系列标准》和《望海茶管理办法》，建立一批高标准的生产基地，产业化水平得到显著提高。2004年，望海茶推出"天地之间一壶茶"的品牌形象。同年，望海茶获浙江省十大名茶荣誉。2009年，宁海县人民政府与中国国际茶文化研究会在杭州联合举办"望海茶论坛"，发表了《望海茶杭州共识》，确立以先导型茶品、科技型茶品、文化型茶品、生态型茶品的发展方向。2011年，又先后专门成立茶叶产业化办公室和茶文化促进会，以望海茶品牌为带动，形成宁波望海茶业发展有限公司、宁海县望海岗茶场、宁海县茶业有限公司、宁海县润发茶业有限公司、宁海县珠花茶庄等为主的企业集群，有效带动了全县茶产业的发展。至此，宁海已初步形成宁波望海茶业发展有限公司经营的"望海峰"牌望海茶、宁海县望府茶业有限公司经营的望府茶和宁波赤岩峰茶业发展有限公司经营的"元音"牌赤岩峰砖茶三家茶产业龙头企业。2009年，宁海被农业部确定为宁波市唯一的全国标准茶园建设示范县，连续多年被中国茶叶流通协会认定为全国重点产县、全国茶叶百强县。2010年，又获

浙江省十大名茶证书

2019中国茶业百强县证书

得全国茶叶特色县。2011年，宁海县被认定为中国茶文化之乡称号，望海茶获中华文化名茶。之后，宁海又成功创建浙江省特色农业强镇（宁海县桑洲茶叶特色强镇），获得全国"一村一品"示范村镇2个（桑洲镇、深甽镇）。望海茶于2016年获得地理标志证明商标，2019年入选中国农业品牌目录农产品区域公用品牌茶叶类名单、获中国茶叶百强县称号。

到2016年，宁海县茶叶企业注册商标共37个，获得QS（SC）认证企业38家。2019年，绿色食品（茶叶）和无公害农产品认证企业4家。

宁海县茶叶商标注册名录

序号	注册企业	商标名称	编号	注册时间
1	宁海县茶产业与文化促进会	望海峰	202832	1983年
2	宁海县茶业协会	望海茶	3277860	2003年
3	宁海县茶产业与文化促进会	望海茶（证明商标）	17083666	2016年
4	宁海县望府茶业有限公司	望府	835092	1996年
5	宁波赤岩峰茶业有限公司	元音	6940733	2010年
6	宁波赤岩峰茶业有限公司	赤岩峰	11825119	2014年
7	宁海县汶溪茶叶良种场	汶溪玉绿	1314494	1991年
8	宁海县外洋茶厂	外洋	1384510	2000年
9	宁海县深甽镇太阳山茶场	岳峰山	5162534	2008年
10	宁海县深圳七里塘茶场	梁皇山	3228681	2003年
11	宁海县桑洲茶场	平园双尖	3264939	2003年
12	宁海县望海岗茶场	第一泉	1323918	1999年
13	宁海县深圳镇云绿茶场	春雾	1726921	2002年
14	宁海县深圳镇岭峰茶场	明雾	8274785	2011年

序号	注册企业	商标名称	编号	注册时间
15	宁海县天顶山茶场	裕竺	1738895	2002年
16	宁海县涨源云雾茶厂	青岩茗香	8073585	2011年
17	宁海县青龙茶行	宁海第一尖	803011	1995年
18	宁海县茶业有限公司	莲头山	214081	1984年
19	宁海县润发茶业有限公司	神尖	811091	1995年
20	宁海县贡府茶业有限公司	宁贡	6712433	2010年
21	宁海东鸿茶业专业合作社	宁东	7611366	2010年
22	宁海县紫云山茶场	滋云峰	5360775	2009年
23	宁海县妙云茶场	妙云	3793904	2005年
24	宁海县深甽镇太阳山茶场	清隐甬红	19229086	2017年
25	宁海县桥头胡铜岭岗良种茶场	铜岭岗	15126714	2015年
26	宁海县桥头胡春之兰家庭农场	兰盈	15907947	2016年
27	宁波俞氏五峰农业发展有限公司	俞峰堂	15672489	2016年
28	宁波俞氏五峰农业发展有限公司	凌霄芽	15672491	2016年
29	宁海县亚珍茶业专业合作社	玉珊峰	36833580	2019年
30	宁海县杏峰茶叶专业合作社	杏峰	10275297	2013年
31	宁波山里向农业科技发展有限公司	山里向	7374228	2010年
32	宁海县双峰乡海云茶场	澄深望海白玉	12937834	2015年
33	宁海县珠花茶庄	洋珠	1954095	2002年
34	宁海县大江茶叶专业合作社	馨文	14100063	2015年
35	宁海县胡陈天授茶叶加工厂	雷婆头峰	11185010	2013年
36	宁海县晶源茶叶合作社	丙辛	6430921	2002年
37	宁海县高山云雾茶业专业合作社	望云山	8294816	2011年

QS（SC）认证企业

企业名称	产品名称	许可证号
宁波望海茶业发展有限公司	茶叶（绿茶、红茶）	QS3302 1401 0307
宁海县山里向茶叶专业合作社	茶叶（绿茶）	QS3302 1401 1002
宁海县双峰乡海云茶场	茶叶（绿茶）	QS3302 1401 0745
宁海县梅林五峰茶庄	茶叶（绿茶）（分装）	QS3302 1401 0894
宁海县绿紫源水果专业合作社	茶叶（绿茶）	QS3302 1401 1393
宁海贡府茶业有限公司	茶叶（绿茶）	QS3302 1401 0228
宁海县桑洲镇紫云山茶场	茶叶（绿茶）	QS3302 1401 0808
宁海县茶业有限公司	茶叶（绿茶）（分装）	QS3302 1401 0122
宁海县胡陈天授茶叶加工厂	茶叶（绿茶）	QS3302 1401 1133
宁海县茶山林场	茶叶（绿茶）	QS3302 1401 0774
宁海县望府茶业有限公司	茶叶（绿茶、红茶）	QS3302 1401 0053
宁海县深圳镇岭峰茶场	茶叶（绿茶、黑茶）（分装）	QS3302 1401 1129
宁海县宁东茶场（普通合伙）	茶叶（绿茶）	QS3302 1401 0875
宁海县杏峰茶叶专业合作社	茶叶（绿茶）	QS3302 1401 1512
宁海县东腾茶叶专业合作社	茶叶（绿茶）	QS3302 1401 1127
宁海县桑洲镇新桥茶场	茶叶（绿茶）	QS3302 1401 0461
宁海县桥头胡镇汶溪茶叶良种场	茶叶（绿茶、红茶）	QS3302 1401 0304
宁海县越溪白岩山茶场	茶叶（绿茶）	QS3302 1401 0919
宁海县桥头胡兰茗良种茶场	茶叶（绿茶）	QS3302 1401 0813
宁海县润发茶业有限公司	茶叶（绿茶）（分装）	QS3302 1401 0353
宁波赤岩峰茶业有限公司	茶叶及相关制品	SC11433022600871
宁海县妙云茶场	茶叶及相关制品	SC11433022601479
宁海县涨源云雾茶厂	茶叶及相关制品	SC11433022600113

（续）

企业名称	产品名称	许可证号
宁海县桑洲茶场	茶叶及相关制品	SC11433022601500
宁海县望海岗茶场	茶叶及相关制品	SC11433022601518
宁海贡府茶业有限公司	茶叶及相关制品	SC11433022601534
宁海县天顶山茶场	茶叶及相关制品	SC11433022600855
宁海县深圳七星塘茶场	茶叶及相关制品	SC11433022600898
宁海县深圳赤峰山云绿茶场	茶叶及相关制品	SC11433022601052
宁海县希源农业专业合作社	茶叶及相关制品	SC11433022601116
宁海县大江茶叶专业合作社	茶叶及相关制品	SC11433022600927
宁海县珠花茶庄	茶叶及相关制品	SC11433022600121
宁海亚珍茶叶专业合作社	茶叶及相关制品	SC11433022602965
宁海县上湖太阳山茶场	茶叶及相关制品	SC11433022601833
宁波俞氏五峰农业发展有限公司	茶叶及相关制品	SC11433022601735
宁海县晶源茶业专业合作社	茶叶及相关制品	QS11433022604753
宁海县岔路镇吴家塘茶场	茶叶及相关制品	QS3302 1401 0809
宁海县叶味茶业专业合作社	茶叶及相关制品	QS3302 1401 0746

绿色食品（茶叶）和无公害农产品认证企业名录

企业名称	认证类型	产品	编号
宁海县桑洲镇紫云山茶场	绿色食品（茶叶）	滋云峰茶（绿茶）	LB-44-18121111183A
宁海县妙云茶场	绿茶食品（茶叶）	妙云茶（绿茶）	LB-44-1707112948A
宁波望海茶业发展有限公司	无公害产品	绿茶	WGH-15-11 612
宁海县望府茶叶有限公司	无公害产品	绿茶	WGH-04-07 191

第三节　奉化区茶业现状

2019年，奉化区茶园面积2.45万余亩，产量2 480吨，产值7 140万元，全区茶园主要分布在尚田街道、西坞街道、大堰镇、裘村镇、莼湖街道、松岙镇、萧王庙街道等10个镇（街道）。茶树品种主要有鸠坑群体种、福鼎大毫、福鼎大白、乌牛早、白叶1号，黄金芽等品种，出产茶叶以绿茶为主，主要分名优茶、优质茶以及珠茶等，少量生产红茶、白茶等茶类。

1996年，在奉化茶叶科技人员的共同努力下，奉化曲毫创制成功。2002年奉化成立雪窦山茶叶专业合作社经营生产和推广奉化曲毫，通过实行"统一品牌、统一标准、统一包装、统一价格、统一监管、自主经营、自负盈亏"统分结合的管理模式，使得原先千家万户松散型的生产和销售，逐步形成以合作社为中心的半紧密型模式，有效提高了合作社对新技术、新品种和新设备的推广效率，强化"合作社＋基地（社员）＋农户＋标准"管理，名优茶品牌化战略发展迅速，奉化曲毫先后获得浙江省名牌产品、国家生态原产地产品保护产品、国家地理标志农产品等殊荣。到2019年合作社有社员132名，生产"雪窦山"牌奉化曲毫等系列名茶150吨，产值达到6 500万元，合作社发展成为一家集茶园基地生产与建设、茶叶加工、市场开拓于一体的省级示范性农民专业合作社，形成了以奉化曲毫为主导，红茶、白茶、珠茶等多种茶类为补充的产业化协同发展格局。2019年"雪窦山"牌奉化曲毫品牌价值达到了2.27亿元。奉化尚田街道于2018年成功立项国家级产业强镇建设项目（茶叶、草莓产业及文旅融合发展示范区）。奉化曲毫2019年获得国家地理标志证明商标。

生态原产地产品保护证书　　　　　　农产品地理标志登记证书

2016年，奉化区茶叶企业获得QS（SC）认证6家。2019年，全市绿色食品（茶叶）认证企业1家，无公害农产品认证企业12家。

奉化区获得QS（SC）认证企业名录

企业名称	类型	编号
奉化区南山茶场	茶叶（绿茶）	QS3302 1401 1342
奉化区雨易茶场	茶叶（绿茶、红茶）	QS3302 1401 1505
奉化区萧王庙街道云溪村汪一茶厂	茶叶（绿茶）	QS3302 1401 1424
奉化区雪窦山茶叶专业合作社	茶叶（绿茶）	QS3302 1401 0323
奉化区西坞茶叶良种示范繁育场	茶叶及相关制品	SC11433028301567
奉化区裘村雄峰茶场	茶叶及相关制品	SC11433028301036

绿色食品（茶叶）和无公害农产品认证企业名录

企业名称	类型	产品	编号
宁波市奉化区南山茶场	绿色食品（茶叶）	弥勒禅茶（绿茶）（精品）、奉化曲毫（绿茶）（精品）、弥勒红茶	LB-44-1708115382A LB-44-1708115381A LB-44-1708115380A
宁波市奉化奉鼎白茶专业合作社	无公害农产品	绿茶	WGH-NB01-1900010

企业名称	类型	产品	编号
宁波市奉化屏岭家庭农场	无公害农产品	绿茶	WGH-NB01-1800261
宁波市奉化区大堰镇柯青茶场	无公害农产品	绿茶	WGH-NB01-1800259
宁波市奉化利源农业开发有限公司	无公害农产品	绿茶	WGH-NB01-1800257
宁波市奉化雾中云茶场	无公害农产品	绿茶	WGH-17-19761
宁波奉化萧王庙滕头茶叶专业合作社	无公害农产品	绿茶	WGH-NB01-1800073
宁波奉化奕安家庭农场	无公害农产品	绿茶	WGH-15-08460
宁波市奉化区雪窦山茶叶专业合作社	无公害农产品	绿茶	WGH-14-04772
宁波奉化西坞茶叶良种示范繁育场	无公害农产品	绿茶	WGH-09-02734
奉化区松岙镇峰景湾茶场	无公害农产品	绿茶	WGH-10-03654
宁波市奉化雨易茶场	无公害农产品	绿茶	WGH-16-04134
奉化区奉鼎白茶专业合作社	无公害农产品	绿茶	WGH-16-02688

第四节　海曙区茶业现状

2019年，海曙区茶园面积2万余亩，总产量1238吨，产值2800余万元，茶园主要分布在横街镇、鄞江镇、章水镇、龙观乡等乡镇，茶树品种主要有鸠坑种、乌牛早、迎霜、浙农113、龙井43、安吉白茶、黄金芽、中茶108等，主要生产名优绿茶和红茶等产品。

2016年10月，宁波市部分行政区划调整后，海曙区开始了茶叶的生产加工，主推"它山堰"茶，因鄞州的中国古代四大水利工程之一它山堰而得名，为海曙区茶叶公用品牌，依托宁波市海曙区它山堰茶叶专业合作社（原宁波市鄞州区它山堰茶叶专业合作社），合作社成员9家，实施"五统一"包装策略，建设产品包装中心，推动茶产业发展。2018年，生产名优茶3 500千克，产值达到300万元。

公用品牌的打造大力推动了海曙区高质量名优茶产业的发展，"它山堰"系列产品获得历年的各类国家级评比金奖，并于2018年度获得"宁波市名牌农产品"称号，选送的"它山堰白茶"获第二届中国国际茶叶博览会金奖。

第二届中国国际茶叶博览会金奖证书

获得QS（SC）认证名录

企业名称	商标	产品	许可证号
宁波和美茶业有限公司	雪汀白	茶叶（绿茶、红茶、乌龙茶）	SC11433020305339
宁波市海曙鄞江国昌茶厂	四明银雾	茶叶（绿茶、红茶）	SC11433020306028
宁波市五龙潭茶业有限公司	五龙潭	茶叶（绿茶、红茶）	SC11433020300256
宁波市海曙大岭岗茶叶专业合作社	它山堰	茶叶（绿茶、红茶）	SC11433020306841
宁波市海曙静山茶叶专业合作社	雾丛丛	茶叶（绿茶）	SC11433020306663
宁波市海曙鄞江建岙茶场	它山堰	茶叶（绿茶、红茶）	SC11433020306760
宁波皎溪茶业有限公司	皎溪	茶叶（绿茶、红茶）	SC11433020306315

绿色食品（茶叶）和无公害农产品认证企业名录

企业名称	认证类型	产品名称	编号
宁波市海曙鄞江国昌茶厂	绿色食品（茶叶）	四明银雾牌它山堰绿茶	LB-44-20101116177A
宁波皎溪茶业有限公司		皎溪银舌绿茶	LB-44-21031102354A
宁波市五龙潭茶业有限公司		明州红红茶	LB-44-21031104238A
		五龙明珠绿茶	LB-44-21031104237A
		五龙香茗绿茶	LB-44-21031104239A
宁波市五龙潭茶业有限公司	无公害农产品（茶叶）	绿茶	WGH-15-10552
宁波市海曙白兰山果木场			WGH-11-03016
宁波市海曙鄞江国昌茶厂			WGH-11-16572
宁波市海曙章水永杰茶叶场			WGH-14-04859
宁波市海曙区云洲茶叶专业合作社			WGH-11-03017
宁波海曙静山茶叶专业合作社			WGH-17-19769

第五节　象山县茶业现状

2019年，象山县茶园面积1.78万亩，产量226吨，产值6 324万元，除了高塘岛乡、定塘镇、晓塘乡、丹东街道外，其余14个乡镇（街道）均有一定规模茶园分布，千亩以上的有西周镇、茅洋乡、泗洲头镇、墙头镇、黄避岙乡、贤庠镇，其中西周镇和茅洋乡超过2 000亩。

象山县茶树品种主要有鸠坑种、迎霜、浙农113、乌牛早、平阳特早、智仁特早、菊花春、龙井43、安吉白茶、黄金芽、中茶108以及从福建引进福鼎大白茶、福云6号等，主要生产珠茶、烘青大宗茶、名优绿茶和红茶等产品。

1999年，象山县林业特产技术推广中心开发创制半岛仙茗名茶，实行全程机械化炒制，注册商标为"松兰"。2000年，为保护龙井原产地，浙江省政府下文其他产地茶叶不准使用龙井茶名称，从此象山龙井茶改名象山天茗。2002年，李先平在儒雅洋蒙顶山创制"天池翠"牌名茶。2004年，其与"松兰"牌半岛仙茗组合，树立"天池翠牌"半岛仙茗茶，开设"天池翠""半岛仙茗"专卖店，加强品牌的培育力度。2015年，"半岛仙茗"名茶再度发展壮大，象山县林业特产技术推广中心成功注册"象山半岛仙茗"商标，并创建成为象山县统一的茶叶区域公用品牌，全县形成统一的"象山半岛仙茗"品牌格局，在"中绿杯"评比中屡获金奖。2019年开设"象山半岛仙茗"专卖门店9家（含宁波1家），2020年统一印制"象山半岛仙茗"专用包装2.16万套，包装总量占全县所有品牌包装总量的73%左右。

2002年，黄避岙乡茶场、南峰茶牧发展农场832亩茶园，获得中国茶叶研究所有机茶认证。2003年起，先后有象山茅洋小白岩330亩茶叶基地、象山天茗茶叶专业合作社3 000亩茶叶基地获宁波市无公害茶叶产地认定，截至2019年，绿色食品（茶叶）和无公害农产品认证企业5家。2016年，获得QS（CS）认证企业6家。

"中绿杯"特金奖证书

绿色食品（茶叶）和无公害农产品认证企业名录

企业名称	认证类型	产品	标志编号
象山茅洋南充茶场	绿色食品（茶叶）	五狮野茗茶（绿茶）	LB-44-1703111757A
象山蚶城茶场	无公害农产品	绿茶	WGH-NB01-1800177
象山茶飘香茶牧发展农场	无公害农产品	绿茶	WGH-15-05195
象山天茗茶叶专业合作社	无公害农产品	绿茶	WGH-06-04772
象山半岛仙茗茶业发展有限公司	无公害农产品	绿茶	WGH-16-04876

获得QS（CS）认证企业名录

企业名称	产品名称	许可证号	获证时间
象山茅洋南充茶场	茶叶（绿茶）	QS3302 1401 0338	2013
象山智门寺茶场	茶叶（绿茶）	QS3302 1401 0823	2015
象山茶飘香茶牧发展农场	茶叶（绿茶、红茶）	QS3302 1401 1553	2015
象山县黄避岙乡精制茶厂	茶叶及相关制品	SC11433022501280	2016
象山县泗洲头东岙白林茶场	茶叶及相关制品	SC11433022501298	2016
象山茅洋家水茶场	茶叶及相关制品	SC11433022501335	2016

象山县黄避岙精制茶厂、象山县林业特产技术推广总站、象山天茗茶叶专业合作社、象山茅洋南充茶场等单位，先后注册嵩雾、松兰、象天茗、野茗牌、象山半岛仙茗商标。

象山县核准注册茶叶商标情况

国家商标编号	商标名称	申请人	申请法人地址	注册日期
630054	嵩雾	象山县黄避岙精制茶厂	象山县黄避岙乡	1993年2月21日
1667373	松兰	象山县林业特产有限公司	象山丹城镇来薰路	2001年11月14日

国家商标编号	商标名称	申请人	申请法人地址	注册日期
3408670	象天茗	象山天茗茶叶专业合作社	象山县丹城南街	2004年5月7日
3142808	野茗牌	象山茅洋南充茶场	茅洋乡溪口街	2003年5月8日
33920685	象山半岛仙茗	象山县林业特产技术推广中心	象山丹城镇来薰路	2019年6月28日

第六节　鄞州区茶业现状

　　2019年，鄞州区茶园面积1.77万亩，产量1 089吨，茶园主要分布在瞻岐镇、塘溪镇、横溪镇、东钱湖镇等乡镇，其中东钱湖镇的福泉山茶场拥有茶园3 600余亩，是宁波市占地面积最大、茶树品种最多的茶场，保存有迎霜、毛蟹、福鼎、菊花春、劲峰、翠峰等优良茶树品种100余个，有浙江省"最美田园"之最美茶园的美誉。主要茶树品种有群体鸠坑种、乌牛早、迎霜、龙井系列、白叶一号等品种，近年引进了御金香、黄金芽等彩色茶树品种，产品结构从单一的普通珠茶扩展到多种名优绿茶和红茶等。

　　鄞州区为了推进茶产业的发展，实施"太白滴翠"区域品牌战略，2018年成立鄞州太白滴翠茶叶专业合作社作为品牌实施主体，实行"五统一"标准管理，合作社现有茶园1万余亩，茶叶加工厂总面积1万多米^2，配备先进的名优绿茶、名优红茶和优质茶连续化生产线5条，具备年生产名优茶15吨和优质茶80吨的生产能力，形成了名优茶以"太白滴翠"为主导，大宗出口茶以浙江可耐尔食品有限公司为龙头的产业布局，同时鄞州区拥有金钟茶城、宁波嵩江茶文化商业广场等大型茶叶批发零售市场。

区域品牌的大力打造，建立起以品牌市场开拓为核心，以质量管理与服务为中心，以"双商标"授权模式为管理机制，太白滴翠品牌迅速崛起，推动了鄞州区茶产业高质量发展。太白滴翠产品先后荣获"中绿杯"全国名优绿茶评比金奖、第十二届国际名茶特别金奖、浙茶杯金奖、浙江绿茶（银川）博览会金奖等十多个奖项，并获宁波市"名牌农产品"称号。

2016年，鄞州区茶叶企业获得QS（SC）认证7家。2019年，全区绿色食品（茶叶）认证企业4家，无公害产品认证企业4家。

获得QS（SC）认证企业名录

企业名称	类型	编号
宁波市鄞州大岭农业发展有限公司	茶叶（绿茶、红茶、白茶）	QS3302 1401 1115
宁波福泉山茶场	茶叶（绿茶、红茶、乌龙茶、白茶）	QS3302 1401 1228
浙江可耐尔食品有限公司	茶叶（绿茶、红茶、花茶、袋泡茶）	QS3302 1401 0609
宁波市鄞州柯青家庭农场	茶叶及相关制品	SC11433021200295
宁波东钱湖旅游度假区鹿山茶园	茶叶（绿茶）	QS3302 1401 0898
宁波市鄞州塘溪堇山茶艺场	茶叶（绿茶）	QS3302 1401 0909
宁波春茗茶业有限公司	茶叶（绿茶、红茶、乌龙茶、花茶）（分装）	QS3302 1401 1180

绿色食品（茶叶）和无公害产品认证企业

企业名称	认证类型	产品	编号
宁波市鄞州塘溪堇山茶艺场	绿色食品（茶叶）	鄞州春（绿茶）	LB-44-18011100511A

企业名称	认证类型	产品	编号
宁波市鄞州大岭农业发展有限公司	绿色食品（茶叶）	甬茗大岭（红茶） 甬茗大岭（绿茶）	LB-44-18111108714A LB-44-18111108713A
宁波市鄞州柯青家庭农场	绿色食品（茶叶）	金峨玉叶（绿茶） 宁波一品（红茶） 金峨玉叶白茶（绿茶） 宁波一品（绿茶） 宁波一品黄茶（绿茶） 宁波一品白茶（绿茶） 金峨玉叶黄茶（绿茶）	LB-44-19111111126A LB-44-19111111120A LB-44-19111111121A LB-44-19111111122A LB-44-19111111123A LB-44-19111111124A LB-44-19111111125A
宁波福泉山茶场（宁波市茶叶科学研究所）	绿色食品（茶叶）	东海龙舌（精品）（绿茶）	LB-44-18061104262A
宁波福泉山茶场	无公害产品	绿茶	WGH-03-00029
宁波市鄞州梅峰云雾茶业有限公司	无公害产品	绿茶	WGH-NB01-1800149 WGH-NB01-1800017
宁波市鄞州塘溪堇山茶艺场	无公害产品	绿茶	WGH-08-11081
宁波市鄞州大岭农业发展有限公司	无公害产品	绿茶	WGH-13-04995

第七节　北仑区茶业现状

1985年，撤销镇海县，建立镇海区，扩大滨海区，按甬江分界，甬江以南为滨海区，甬江以北为镇海区。1987年滨海区更名为北仑区。

1985年，柴桥镇后所村精制茶厂建成投产，产量115吨。1987年，塔峙、小门两个精制茶厂建成投产，共3个乡村茶厂生产精制红、绿茶475吨。1990年，改变主产红茶，实行多种类大宗茶生产，珠茶和烘青占总产量的26.5%，大量加工礼品名茶。1996年，主要产茶村以初制茶生产为主，与个体出售鲜叶相结合的"公司＋农户"生产方式，全区销售基本流畅的有148个村场，正常生产面积有8 000亩，年产珠茶2 120吨。先后创制太白金芯、九峰翠雪、海和森玉叶、三山玉叶、龙角茶、天赐玉叶等名优茶，省级名茶有海和森玉叶、三山玉叶、龙角茶，市级名茶太白金芯，2007年三山玉叶被评为宁波市"八大名茶"。

三山玉叶被评为宁波市"八大名茶"证书

到2019年，北仑区茶园面积9 000亩，产量449吨，产值2 358万元，主要分布在大碶街道、白峰街道、春晓街道、柴桥街道、大榭街道等乡镇（街道），茶树品种以鸠坑群体种、乌牛早、龙井43、迎霜、歌乐、福鼎、金观音等为主，主要产品有名优绿茶、珠茶、红茶等。在政府引导和市场需求下，逐步形成宁波海和森食品有限公司、宁波北仑孟君茶业有限公司、宁波市北仑传甬茶业有限公司、宁波市北仑天恩茶业有限公司等名优茶生产企业集群和宁波同益茶业有限公司等大宗茶出口企业为龙头的产业格局，带动全区茶产业的发展。

到2016年，北仑区茶叶企业获得QS（SC）认证14家。2019年，全市绿色食品（茶叶）认证企业3家，无公害农产品认证企业3家。

北仑区获得QS（SC）认证企业名录

企业名称	产品名称	许可证号
宁波市北仑区大碶佛头岩茶厂	茶叶（绿茶）	QS3302 1401 0886
宁波市北仑传甬茶业有限公司	茶叶（绿茶、红茶）	QS3302 1401 1076
宁波市北仑区东海春晓茶叶专业合作社	茶叶（绿茶）	QS3302 1401 1410
宁波市北仑天恩茶业有限公司	茶叶（绿茶、红茶）	QS3302 1401 0566
宁波北仑碧宇茶业有限公司	茶叶（绿茶）	QS3302 1401 1532
宁波市北仑九天岙茶场	茶叶（绿茶）	QS3302 1401 1411
宁波市北仑区林场	茶叶（绿茶）	QS3302 1401 0565
宁波市北仑天赐茶业有限公司	茶叶（绿茶）	QS3302 1401 1394
宁波市北仑区三山三森茶厂	茶叶（绿茶）	QS3302 1401 1506
宁波市北仑区嘉湖茶叶专业合作社	茶叶（绿茶）	QS3302 1401 1017
宁波市北仑区春晓慈岙茶厂	茶叶（绿茶）	QS3302 1401 0675
宁波海和森食品有限公司	茶叶及相关制品	SC11433020601041
宁波市北仑孟君茶业有限公司	茶叶及相关制品	SC11433020600942
宁波大榭开发区玉峰茶场	茶叶及相关制品	SC11433020600688

绿色食品（茶叶）和无公害农产品认证企业名录

企业名称	认证类型	产品名称	编号
宁波海和森食品有限公司	绿色食品（茶叶）	海和森红茶 春晓玉叶（绿茶）	LB-44-1701111043A LB-44-1701111042A
宁波市北仑孟君茶业有限公司	绿色食品（茶叶）	三山玉叶	LB-44-1606112967A

企业名称	认证类型	产品名称	编号
宁波大榭开发区玉峰茶场	绿色食品（茶叶）	七顶玉叶茶	LB-44-1705112313A
宁波市北仑孟君茶业有限公司	无公害农产品	绿茶	WGH-NB01-1800119
宁波市北仑天恩茶业有限公司	无公害农产品	绿茶	WGH-17-19226
		红茶	WGH-17-19225
宁波市北仑传甬茶业有限公司	无公害农产品	绿茶	WGH-17-04479
		红茶	WGH-17-04478

第八节　江北区茶业现状

茶叶种植始于新中国成立前，云湖金沙村的天台移民蔡、单家族开始在山地零星种植茶叶树，折实面积约10亩，年产量50～100千克。1973年建成高标准茶园1 800余亩，集中分布在云湖、乍山、洪塘、慈东、妙山等公社和慈城镇的17个大队。1982年，茶叶初制基本实现机械化，以生产珠茶为主。1999年，慈城镇三勤村引进优质新品种白茶，形成白茶基地1 010亩。2014年，全区茶叶栽培面积4 100亩，总产量42吨，产值3 550万元。

2019年，江北区茶叶种植面积4 260亩，产量42吨，产值3 600万元左右，茶园主要分布在慈城镇的三勤村、金沙村、五联村、毛岙村等，主要品种有白叶一号、龙井43、乌牛早、鸠坑群体种等，产品以名优茶为主，形成了以宁波市江北区百农茶叶专业合作社、宁波市江北绿茗白茶有限公司、宁波市江北晨欣茶叶专业合作社、宁波市江北慈城青龙茶叶制品厂、宁波市江北慈城安茗茶厂等名优茶生产企业和宁波江北华泰茶叶拼配厂等出口茶生产企业为主导的茶产业格局，宁波市二号桥市场位于江北风华路61号，设有茶叶交易区。

2016年，江北区茶叶企业获得QS（SC）认证9家。2019年，全市绿色食品（茶叶）认证企业1家，无公害农产品认证企业6家。

江北区获得QS（SC）认证企业名录

企业名称	产品名称	许可证号
宁波市江北绿茗白茶有限公司	茶叶（绿茶）	QS3302 1401 0027
宁波市江北金望茶叶专业合作社	茶叶（绿茶）	QS3302 1401 0992
宁波市江北慈城青龙茶叶制品厂	茶叶（绿茶）	QS3302 1401 1278
宁波甬港茶叶有限公司	茶叶（绿茶）	QS3302 1401 1476
宁波江北明源岭茶叶加工厂	茶叶（绿茶）	QS3302 1401 0885
宁波市江北慈城安茗茶厂	茶叶（绿茶）	QS3302 1401 1082
宁波市江北区百农茶叶专业合作社	茶叶（绿茶）	QS3302 1401 1439
宁波市江北慈孝茶业有限公司	茶叶（绿茶）	QS3302 1401 1234
宁波江北华泰茶叶拼配厂（普通合伙）	茶叶（绿茶、红茶、花茶）（分装）	QS3302 1401 1385

绿色食品（茶叶）和无公害农产品认证企业名录

企业名称	认证类型	产品	编号
宁波市江北绿茗白茶有限公司	绿色食品（茶叶）	宁波白茶	LB-44-1711116872A

企业名称	认证类型	产品	编号
宁波市江北区百农茶叶专业合作社	无公害农产品	绿茶	WGH-17-21547
宁波市江北区绿野果木专业合作社	无公害农产品	绿茶	WGH-17-21657
宁波市江北慈城青龙茶叶制品厂	无公害农产品	绿茶	WGH-17-15670
宁波市江北慈城安茗茶厂	无公害农产品	绿茶	WGH-13-04824
宁波市江北金望茶叶专业合作社	无公害农产品	绿茶	WGH-12-06296
宁波市江北慈孝茶业有限公司	无公害农产品	绿茶	WGH-14-05844

第九节　慈溪市茶业现状

　　1954年重新划县后，1955—1965年，全县有茶园100亩，只采不管，平均亩产仅25千克。2019年，慈溪市茶园面积3 800亩左右，主要分布在横河镇、匡堰镇等乡镇，产量20吨，产值1 800余万元。主要茶树品种有鸠坑种、铁观音、福鼎白毫等，近年，引入了乌牛早、龙井43、浙农117、安吉白茶等无性系良种。慈溪市现所产产品主要为名优茶、高级绿茶和红茶等，主要名茶有岗顶大良茶、戚家山茶、平平顶茶、慈溪南茶、绿潭龙尖、慈龙雾尖、达蓬山望府茶等，产品以自产自销为主，珠茶出口企业则以转销为主。2016年，慈溪市QS（SC）认证企业8家。2019年，绿色食品（茶叶）和无公害产品认证企业4家。

慈溪市QS（SC）认证企业名录

企业名称	产品名称	许可证号
慈溪市明茗茶业有限公司	茶叶（绿茶）	QS3302 1401 1010
慈溪市灵龙泉茶业生态园茶叶加工厂	茶叶（绿茶）	QS3302 1401 1388
宁波戚家山茶叶有限公司	茶叶（红茶）	QS3302 1401 1384
慈溪市岗墩茶叶有限公司	茶叶（绿茶）	QS3302 1401 0404
慈溪市栲栳山生态农林科技有限公司	茶叶（绿茶）	QS3302 1401 1473
慈溪市横河镇童岙茶场（普通合伙）	茶叶（绿茶）	QS3302 1401 0095
慈溪市茶叶有限公司	茶叶（绿茶）	QS3302 1401 1426
慈溪市大山置业有限公司	茶叶及相关制品	SC11433028201271

慈溪市绿色食品（茶叶）和无公害产品认证企业

企业名称	认证类型	产品名称	标志编号
慈溪市横河镇童岙茶场（普通合伙）	绿色食品	慈溪南茶（绿茶）	LB-44-1609118137A
慈溪市岗墩茶叶有限公司	绿色食品	岗顶大良茶（绿茶）	LB-44-1606113753A
慈溪市大山置业有限公司	无公害产品	绿茶	WGH-17-02820
慈溪市栲栳山生态农林科技有限公司	无公害产品	绿茶	WGH-16-04997

第十节　镇海区茶业现状

1985年设区时，镇海区茶园面积仅1 307亩，是20世纪60年代初期新发展地区，以前群众仅在郎家坪龙潭岙和秦家香等深山区有采摘野山茶习惯，生产茶叶50吨。2019年，全区茶园面积1 600亩，产业产量8.1吨，产值300余万元，主要分布在九龙湖镇，茶叶品种有乌牛早、龙井43、迎霜、黄金芽等，产品以名优绿茶为主，宁波市镇海区九龙湖镇秦山春毫茶场生产少量红茶。区政府十分重视发展当地茶叶生产，加大资金和科技投入力度，引进优质良种，更新制茶机械，改良制作工艺，制作名茶产品，落实生产责任制等一系列措施起到良好的生产和经济效果。

2016年，镇海区茶叶企业获得QS（SC）认证2家。2019年，全市绿色食品（茶叶）认证企业1家，无公害农产品认证企业2家。

镇海区获得QS（SC）认证企业名录

企业名称	产品名称	许可证号
宁波市镇海龙殿茶场	茶叶（绿茶）	QS3302 1401 0508
宁波市镇海区九龙湖镇秦山春毫茶场	茶叶及相关制品	SC11433021100221

绿色食品（茶叶）无公害农产品认证企业名录

企业名称	认证类型	产品	编号
宁波市镇海区九龙湖镇秦山春毫茶场	绿色食品（茶叶）	秦香春茶	LB-44-18051103283A
宁波市镇海龙殿茶场	无公害农产品	绿茶	WGH-NB01-1800273
宁波市镇海区九龙湖镇秦山春毫茶场	无公害农产品	绿茶	WGH-NB01-1800271

第三章 ◎ 茶叶种植与栽培技术

第一节　茶叶种植

在余姚河姆渡文化田螺山遗址考古发掘中，出土的山茶属茶种植物的树根遗存，证明6 000年前，生活在余姚田螺山一带的先民就开始种植茶树。

晋代王浮《神异记》中有"余姚人虞洪入山采茗"的记述，为浙江省早期茶事之一。陆羽在《茶经·七之事》中引录，明确将"虞洪获大茗"故事定为晋代茶事，并注明是西晋永嘉年间（307—313）。

一、隋唐五代

唐陆羽在《茶经》中写道："余姚县生瀑布泉岭，曰仙茗，大者殊异，小者与襄州同。"还写道："浙东以越州上，明州、婺州次，台州下。"同时作注："明州鄮县生榆荚村"这表明，除了余姚瀑布岭产名茶外，鄮县也有茶叶的生产。

明州伏龙山的和尚到天童寺拜见咸启禅师，机锋之后，咸启禅师即答以"吃茶去"。五代明州翠岩院永明禅师，机锋往来，有"茶堂里贬剥去"之语，这表明在唐、五代时期明州寺院把饮茶作为寺院僧人生活的重要组成。唐初的慈溪人虞世南在其《北堂书钞》卷一百四十四《茶篇》中提到茶叶能"调神和内，倦解慵除""益气少卧，轻身能老"。明州的饮茶之风渐广，这就需要更多的茶叶，从而推动茶树的种植。

此时期，余姚还有私人茶园出现。唐代诗人孟郊在《越中山水》中有"菱湖有馀翠，茗圃无荒畴"之句。菱湖，即余姚梁弄菱湖，可见余姚在唐代已有茶园存在。

二、北宋时期

在北宋，两浙路的明州六县及时属越州的余姚和台州的宁海都是产茶区。北宋舒亶是慈溪人，在他的著作中多次提到茶的种植。舒亶郊游天童，写下了"晓润芝篛挑秀茁，午香茶灶煮苍芽"茶句，乾隆《鄞县志》云："鄞之太白茶为近出，然考舒懒堂《天童虎跑泉》诗：'灵山不与江心比，谁为茶仙补水经'，则宋时已有尝之者，因更名曰灵山茶。至今山村多燎园以植。"可见鄞县天童的太白茶在北宋已有种植、加工。舒亶在《香山野步二首其一》中写下"经窗僧待月，茶井客敲冰"。《和游栖真寺见寄》亦载："芝篛茶灶平生念。"从不同侧面谈到明州的茶。在舒亶《游承天望广德湖》的诗中也有"华山逋客来何迟，隐隐茶林隔烟水"的句子，可见鄞县西乡的广德湖茶树成林的景色。

当时，白茶已开始在明州种植。北宋末，晁说之被贬官来到明州船场，他在饮白茶"十二雷"后作《赠雷僧》诗，"留官莫去且徘徊，官有白茶十二雷。便觉罗川风景好，为渠明日更重来"。并自注曰："予点四明茶云直罗有此茶否？答云官人来，则直罗有。十二雷，是四明茶名。"说明作为白茶名茶的"十二雷茶"北宋时已在明州生产。

许多僧人在他们的诗文中谈到种茶、吃茶、茶艺和茶境。乾兴元年（1022），僧人重显来到明州奉化雪窦寺，住持30余年，他的作品中有不少涉及茶。如有良周上座来拜访，一阵机锋后，重显说："踏破草鞋汉，不能打得尔。且坐，吃茶。"四明高僧知礼的著作《指要》要出版，重显特意出山，设斋为庆，并出示茶牓（指茶会的告示），亲自为知礼煎茶。天圣六年（1028），尚贤继主延庆寺，重显闻其名，出山来访，"标榜煎茶，以申贺礼，人传以为盛事"。重显在他的《谢郎给事送建茗》中亦云："陆羽仙经不易夸，诗家珍重寄禅家。松根石上春光里，瀑水烹来斗百花。"

宝元年间（1038—1040），宁海山坡普遍栽茶。余姚出现以种茶为职业的茶农，称为园户，崇宁中（1102—1106）措置茶事官，对茶叶生产实行管理。治平年间（1064—1067），僧人宗辩携带宁海茶叶到京都东京朝贡，"其品在日铸上"，说明宁海茶有较高的质量。

南宋，庆元及时属台州的宁海也盛产茶叶。鄞县的天童太白茶在南宋很有名气，供宫廷使用。奉化的雪窦山、象山的珠山、郑行山（今射箭山）、王狮山、离顶山皆产佳若。嘉定《赤城志》卷二十二《山水门四·山》记载："盖苍山，在县东北九十里。一名茶山，濒大海，绝顶睨诸岛屿，纷若棋布，以其地产茶，故名。"余姚车厩三女山资国寺出产"十二雷茶"。日本僧人荣西，两次来中国学佛，并在明州天童寺服侍师傅两年多时间，回国时，把茶种带回日本，并且著《吃茶养生记》，宣传茶的作用，提倡饮茶风尚。

余姚是著名的产茶区，其化安瀑布茶，在南宋有所影响。嘉泰年间，官府额定年批发茶叶 14 600 斤[①]。宋高宗绍兴三十二年（1162），明州的鄞、慈溪、定海、奉化、昌国、象山六县产茶510 435斤，占浙东茶叶产量的48.22%，位居浙东第一位。

南宋浙东茶叶产量

区域	明州	绍兴	台州	温州	衢州	婺州	处州
产茶（斤）	510 435	385 060	19 258	56 511	9 500	63 174	19 082
所占百分比（%）	48.02	36.22	1.81	5.32	0.89	5.94	1.80

资料来源：徐松《宋会要辑稿》食货二九产茶额，中华书局1987年影印本。

三、元　代

浙东是最重要的产茶区之一。浙东名茶是庆元的范殿帅茶，范殿

---

① 1斤=500克。——编者注

帅茶"系江浙庆元路造进茶芽,味色绝胜诸茶"。明代慈溪的方志曾说:"造茶局,宋殿帅范文虎贡茶,元因之,就开寿寺置局。"范文虎曾任南宋殿前副指挥使,领禁军,故有殿帅之称。他归顺元朝,以此茶入贡,所以得名。

区茶(白茶),从王应麟的记载看,南宋的四明地区已有生产,但没有成为贡品,到元代开始成为贡品。至正《四明续志》载:"茶,出慈溪县民山,在资国寺冈山者为第一,开寿寺侧者次之。每取化安寺水蒸造,精择如雀舌,细者入贡。"宁海茶种植也有记载。舒岳祥的诗中有"茶香度深竹,灯影射平芜",在《再次韵酬正仲》中也有"书空因学草,品水为知茶"之句。他在《自归耕篆见村妇有摘茶车水卖鱼汲水行馌寄》中对于宁海的农妇摘秋茶的情景作了描述:"前垄摘茶妇,顷筐带露收。艰辛知有课,歌笑似无愁。照水眉谁画,簪花面不羞。人生重容貌,那得不梳头。"

庆元时期茶业产量较大。茶的生产由官府经营、专卖。延祐七年(1320),庆元茶叶买卖凭茶引,一张茶引可买茶90斤,纳官课12.5两,庆元府计周岁办茶课40锭7两,由此推算庆元年产茶叶7.22吨。

四、明 代

宁波府及余姚、宁海的茶叶生产得到进一步发展。当时奉化的雪窦茶很有名,陈濂《登雪窦》诗中就有"试采新茶寻涧水"之句。黄尚质专门写诗描写四明山区采茶姑娘忙碌的情景:"结束乌椎髻,携筐去采茶。归逢邻女笑,也插杜鹃花。"杨守勤的《宁波杂咏》中有茶句"雪挹猫头笋,雷惊雀嘴茶"。《甬上耆旧诗》卷九载有陆铨《天童寺》,有"梵户茶香客自频"之句,卷一五载有陈璋《暮春到天童》诗,"行到天童廿里沙,白云深锁梵王家。满山笋老多成竹,一路花香半是茶"。反映鄞县东乡天童栽茶情况。

四明山的建岙岙也产茶。黄宗羲的《四明山志》载:"石井山亦名建峒岙，其岭曰谢公。建峒产茶，而谢公岭为名品。"黄宗羲为明末清初人，正好说明建峒岙在明末有茶种植。黄宗羲《寄新茶与第四女》写到，"新茶自瀑岭，因汝喜宵吟。月下松风急，小斋暮雨深。勾线灯落芯，更静鸟移林。竹尖犹明灭，谁人知此心。"写明茶叶的产地，表达了想念女儿之情。余姚时属绍兴府，也产茶叶，万历时期，这里产茶较多。

宁海的茶山，在明代所产茶叶质量好。弘治《赤城志》载："黄岩紫高山，土膏泉冽，中产茶甚奇。又宁海盖仓山，一名茶山，濒大海绝顶，其地产茶。"

天启《慈溪县志》卷十四《艺文》载万历慈溪知县顾言《贡茶碑记》曰："国初时，本县十、四、五、八、九等都，分地方广种茶园，因而设局。其所烘焙干茶芽相沿酌定，年以二百六十斤为额。每鲜茶四斤，蜡焙作一斤，共计该鲜茶一千四百余斤，着落产茶之家出。"从顾言的《贡茶碑记》中，不仅记述了慈溪的茶园，而且提到茶叶制作方法，即鲜茶经过烘、焙制成干茶。茶园由官府经营，茶户要纳茶课。成化《宁波郡志》记载：慈溪县"岁贡，茶二百六十斤"。嘉靖年间，宁波府岁贡茶芽，"慈溪，茶二百六十斤，各县以斤数附之"，明代的"斤"以16两计。

五、清　　代

茶的种植主要在余姚、慈溪、鄞县、镇海、象山、宁海，慈溪在雍正年间产茶1 000斤。余姚在乾隆年间产茶3 400担①，比南宋时产量增加24倍多。象山在乾隆年间有茶种植。乾隆《镇海县志》卷四云："茶，出泰邱乡太峰巅者佳。"

慈溪慈城（今属宁波市江北区）郑溱写有《家人夜制新茶》诗：

---

① 担，非法定计量单位。1担＝50公斤。——编者注

"高冈茗草并兰生，制茗当如兰馥清。彻夜经营调火候，全家揉焙到天明。老夫倦睡两三觉，小鸟唤呼千百声。起瀹天泉香人口，建溪顾渚浪垂名。"全诗生动描写了郑溱全家采茶、炒制的情景。

鄞县产茶历史悠久。乾隆《鄞县志》已有记载，并有按语："茶晚收者曰茗、曰荈，以太白山为上，凤溪次之，西山又次之。"李笈的《采茶曲》就有"石竹园边毛竹遮，二茶才过又三茶。如何城里垂髫女，晓起妆成但采茶""阿婆昨日天童去，茶味何如太白山"等句，表明鄞县东乡有茶树种植。同样，鄞西乡也有茶树种植。鄞县古村辽舍（今属鄞州区横街镇）就有茶。郑溱的《立夏日辽舍收茶》诗云："春尽寒过暖气蒸，绵衣才卸葛衣承。雷声隐隐平林绿，日影昽昽乳雀应。花到夏来开易落，人于老去醉无朋。深山一雨茶芽长，收焙还夸七碗灯。"其子郑梁也曾去鄞县辽舍采制新茶，写有《辽舍采茶》诗三章。诗曰："手制名茶冠一方，龙潭翠与白岩香。犹疑路远芳鲜减，辽舍山中自采尝""鲜茶出箬蕙花香，剪取旗先摘去枪。猛火急揉须扇扇，半斤一夜几人忙""抄青渐向镬头干，灶冷灯昏仆已鼾。壁外乳泉流不绝，一声鸦过报更阑"。

龙潭、白岩亦是鄞县西部的山，郑梁诗中不仅说明辽舍有茶，而且表明龙潭、白岩有茶树种植。万斯同《石园文集》卷二载有《鄮西竹枝词》，有"天井山茶味自长，它泉烹酌淡而香。并论太白谁优劣，一任闲人肆抑扬"的诗句。天井山在鄞县西南，生产茶叶。

镇海有茶树种植。康熙《定海县志》载："出太白山高巅者，四月采，香如兰，此为上，出桃花岭者次之。"太白山、桃花岭时为镇海所属，今分别属宁波市北仑区、舟山市普陀区。

清初，康熙《绍兴府志》在谈到绍兴府所产的茶时，提到余姚化安瀑布茶、童家岙茶。光绪《余姚县志》卷六《物产》引康熙《余姚县志》："茶产瀑布岭、建岽岙者佳，并称四明茶，化安次之，童家岙又次之""山在双雁兰，其茶，邑人称南黄茶"。

鄞县西乡（以今海曙区横街镇为主体）的《桃源乡志》卷五《物

产志》曰："茶树，其叶在山中采，味佳，园中采，次之。春夏二季可采。"从中可以看到高山茶质量较高。

浙东多茶品。宁波在当时有不少名茶，诸如余姚瀑布茶、太白茶、十二雷都很有名。黄宗羲在《村居》诗中有"新茶采谢岭"诗句，并作注："姚江茶产自谢公岭者第一。"

太白茶为鄞县、镇海的名茶。李邺嗣的诗中有"太白尖茶晚发枪，蒙蒙云气过兰香。里人那得轻沾味，只许山僧自在尝"的说法。嘉道时的徐时楷写有《太白山人采茶歌》："太白山中春风香，太白山下茶户灶。邻家女儿理轻妆，出门拉队提篷筐。产茶之山高嶙嶙，上山未半心彷徨。一步一辍登平冈，冈背丛聚邻家娘。大妇紫布衣，中妇青丝裳，小妇不施粉，颜色生容光。摘茶不盈掬，笑语论长短。新芽迎露嫩且芳，一碧无际如垂扬。云腴成荫护山庄，随手采取低如墙。阿侬生小往山傍，年年来此路未忘。识此一旗复一枪，明朝茶客能评量。下山携手遵微行，鹧鸪一声啼斜阳"。诗人把农妇采摘太白茶的情景作了淋漓尽致的描述。

象山的珠山茶也是好茶。乾隆《象山县志》载："有茶，产珠山顶者佳。"

由于宁波茶质量好，不少名茶成为贡品。清初的谈迁在顺治七年（1650）前后写有《枣林杂俎》，曾记载当时全国贡茶总数为2 011千克，其中浙江省18个县进贡的各类名茶为253千克，约占总量的1/8，其中宁波府的慈溪县就进贡130千克，约占全省的50%。鄞县的太白茶在清代前期很有名气，成为贡茶进献朝廷。

19世纪中叶，外销旺盛，茶源紧张，采购人员接踵上山，刺激了山上农民种茶的劲头。于是大片荒山与部分林区，披荆斩棘，除石松土，开拓平整，尽皆栽种了茶树。就此以后茶叶便成了四明山区的主要产业。

晚晴，茶以余姚、慈溪、鄞县、象山、宁海为多，"太白茶""仙茗""十二雷"都很有名。光绪初，由于茶叶需求增长，宁波茶园面积逐渐扩大。光绪《鄞县志》载："鄞之太白茶为近出……太白出者，每岁采制充方物入贡""山村多缭园以植茶"，表明鄞县山区种茶相当普遍。光绪《鄞县志》卷二《风俗》中新增了这样一段话："清明后，近山妇女结伴采茶。以谷雨前所采曰'雨茶'，立夏节所采曰'老婆茶'。"余姚在晚清植茶树依然很多，光绪年间知名茶叶有瀑布岭茶、化安山茶、建岙岙茶和南黄山茶。

镇海人陈继撩，姚燮的妹夫，同治六年（1867）补甲子科举人。他的《茶妇行》云："东邻有少女，自幼嫁茶户。上山摘头茶，头茶清且苦。郎道茶味甘，少女默不语。方知清苦心，并难喻侬汝。西邻茶妇当春歌，东邻少女泣如雨。"光绪《镇海县志》也云："出泰邱乡太峰岭者佳。瑞岩产茶最盛，茶杆有大如椀者。"泰邱、瑞岩为镇海江南地方，今属宁波市北仑区。

清光绪十四年（1888），俄商波波夫来华，认为宁波茶叶质量好，回国时聘去了以刘峻周为首的茶叶技工11名，同时购买茶籽几百普特[①]和几万株茶苗。刘峻周从宁波出发于1893年到达俄国，至民国十三年（1924）共发展茶园230公顷，建立茶厂两座，鉴于他在茶业上的杰出贡献，被俄国政府称颂为俄国茶的创始人。清宣统三年（1911）沙皇政府授予刘峻周"斯达尼斯拉夫"三等勋章，苏联政府授予他"劳动红旗勋章"，住所（在今格鲁吉亚内）开辟为刘峻周茶叶博物馆，格鲁吉亚人民习惯将当地生产的红茶称为"刘茶"，刘峻周被尊为格鲁吉亚的"茶叶之父""红茶大王"。

六、民　　国

民国期间，民国《重修浙江通志稿·物产考》载：民国四年（1915）《之江日报》发表浙省茶叶调查报告所云，宁波产平水茶

---

① 1普特≈16.38千克。——编者注

1 345 817斤，价额495 620元。宁波所产之茶，大半为绿茶，红茶甚少，平水茶较为著名。民国二十一年（1932），宁波有茶园24 500亩。后因战事，茶叶有所影响，到1949年茶的种植面积仅19 900亩。

民国时期，宁波茶园分布在余姚、镇海、鄞县、慈溪、奉化、宁海等地。在鄞县，茶树种植主要集中在东、南、西三乡，西乡为多，东乡次之，南乡最少。民国二十一年（1932），鄞县有茶园2 000亩。民国二十九年（1940），鄞县有茶园5 937亩，仅8年时间，茶园面积增了一倍多，鄞县产茶3 800担，主要产地为鄞县的樟村、蜜岩、大皎等地。日军占领宁波后，由于战事影响，茶叶滞销，茶园逐渐荒芜。民国三十年（1941）仅产茶1 081担，其中烘青310担、珠茶771担。抗战胜利后，茶叶生产有所恢复，全县茶园为2 700亩，产茶1 750担。

据民国《慈溪县新志稿》记载："本县茶园面积总计为1 270亩，其主要产区为西南陆家埠山中，年产绿茶1 244担""所产之茶叶全销于县内"。《浙江经济统计记载》记载："原慈溪县民国二十八年（1939）茶叶总产43担，次年200担。"按《慈溪县新志稿》所载，慈溪茶叶生产地主要在陆家埠山中。

镇海也是主要茶区。民国《镇海县志》载："泰丘乡新路岙龙角山茶，近人以为最佳，灵峰山次之，塔峙、城湾又次之，其余各山均有所产。"这里不但表明镇海山区有茶树种植，而且表明茶叶产地主要在新路岙龙角山、灵峰山、城湾、塔峙岙、慈岙等地。此外，瑞岩、柴桥、合岙、河头也有不少茶园。民国二十二年（1933）产茶175吨。1936年以后，因战争影响，茶园大量掘毁、荒芜，至1949年，茶树种植面积为5 600亩，年产量达71.55吨。

余姚山区自古以来盛产茶叶，所产为平水茶，且产量较高。早在民国四年（1915），余姚产茶4 000吨，绍兴、徽州商人来余姚采购茶叶。民国二十一年（1932）产茶8 637担。民国二十二年（1933）产茶9 637担。民国二十五年（1936）有茶园14 300亩，产茶万余担。民国三十年（1941）余姚沦陷，茶园荒芜，产量下降。抗战胜利后有所恢复，民国三十六年（1947）产茶仅4 000担。到1949年，茶园7 000亩，产茶3 450担。

茶叶在奉化、宁海也有种植。奉化的主要产地为溪口、棠岙、六诏、亭下、东岙、西岙、东山等地。民国十八年（1929），奉化有茶园3 520亩，产茶110吨；民国二十八年（1939）为3 500亩，年产110吨。民国三十六年（1947）产茶250吨。该县1949年有茶园3 800亩，总产120吨，主要是春茶。

宁海南北乡建有茶园。民国二十五年（1936）有茶园200亩，产茶量6.5吨，后因战事影响，致使茶园荒芜。

民国期间，宁波主要产绿茶，也有少量红茶。民国22年（1933），镇海县产绿茶135.5吨，占总产88%；红茶18.05吨，占12%。茶叶的采制以采春茶为主，兼采夏茶，不采秋茶，俗称"春茶一担，夏茶一头（半担）"。在谷雨前后开园，立夏前后结束。

七、新中国成立后

1950年1月28日，浙江省人民政府召开全省第一次茶农代表大会，宁波各县纷纷设立茶叶指导机构，调整茶叶收购价格，发放采制、肥料贷款，垦复荒芜茶园，茶区4县、20乡镇，产茶418吨。1952年，全市茶园2.31万亩，产茶794吨，分别比1949年增长16.1%和90%。1953年，茶区实现农业社会主义改造，茶农开始走上互助合作集体化道路，继续垦复荒芜茶园，开发集体所有制新茶园。1956年，国家加大对茶叶生产扶持，拨

马岙大队被评为
全国农业社会主义先进单位的证书

茶叶专用化肥1 500多吨，每担茶叶补助粮食13.5千克。1957年，有茶园3.20万亩，时属象山（今宁海）县深畎人俞岳兴等15位村民到望海岗开荒种茶，马岙大队次年被评为全国农业社会主义先进单位，奖状由国务院总理周恩来签发。1959年，茶园面积增至3.48万亩，产茶1 684吨。

1960年，连续3年推行四季采茶，茶树生机受损。1962年，茶园减至2.80万亩，产量568吨。1963年后，实行茶叶投售定额奖售粮食、化肥政策。1965年，茶园面积达到4.12万亩，茶叶产量回升到714吨，茶叶生产开始走上稳步发展的轨道。到1970年，茶园11.52万亩，产茶1 486吨，面积和产量突破10万亩和千吨大关。1974年后，鄞县、奉化、余姚四明山区，以及北仑柴桥、郭巨山区、宁海南北部山区、象山滨海山区，建设高标准茶叶商品基地，年均发展近万亩。

1978年，茶园面积达17.47万亩，茶叶产量6 336吨，取消粮食奖售。1979年，开发成片专业茶园3.25万亩。到1981年，茶园19.97万亩，产茶1.09万吨，首破万吨关。1982年，茶园面积达到20万亩，余姚年产干茶2 500吨以上，成为宁波地区第一个列入全国100个干茶2 500吨基地县。1978—1982年是宁波茶叶的鼎盛时期，1982年产达到13 448吨，创历史最高纪录。茶叶在农业中的比重（占农业产值）从1949年的0.23%上升到1982年的4.19%。从此，使茶业成为宁波市多种经营的骨干项目，山区经济的主要来源。1984年，浙江省农业厅提出"茶叶生产要多茶类、多渠道、多口岸"的战略方针，开发名优茶，调整茶类结构，由产量型向质量和效益型转变等多种措施，促进了茶叶生产的发展，全市总产干毛茶1.2万吨。1980—1984年全市提供出口茶货源33 950吨，占全市商品茶的65.29%，总出口值1.88亿元，平均每年提供出口货源6 800吨，出口值3 762万元，占全市农副产品及加工出口总额1.7亿元（1984年）的22.13%。每年可收汇1 000多万美元，获外汇利润200多万美元。1986年，全市茶叶总产达1.4万吨，茶叶总产值4 800万元，总产量、商品量、均价和总产值均超过历史最高水平。1987年，茶园19.24万亩，产茶1.56万吨，超额11.4%完成国家计划。茶园超千亩、茶叶年产超50吨的乡（镇）、场有98个，共计面积近16万亩，占总茶园面积的83.16%。茶类结构从比较单一的大宗茶，转向多品类生产，并逐步向"名、特、优、新"发展。1988年，全市产茶1.76万吨，其中供销系统收购1.21万吨，茶叶总产值1.02亿元，第一年突破亿元大关。同时，1988年也是宁波实行自营出口的第一年，自营出口和代理出口茶叶5 500吨，全市留成外汇达500万美元。1989年，茶叶产量1.7万吨，分别占到全国和全省的3%和14%，茶区农户达71.54万户。1990年，茶区9个县（市、区）、239个乡镇，茶园18.83万亩，产茶17 283吨，其中春茶8 486吨、夏茶4 865吨、秋茶3 932吨。余姚、鄞县、北仑、宁海、奉化5个县（市、区）茶园16.57万亩，占总茶园的88%，相继跨入全国年产2 500吨干茶基地县的行列。

1991年，重点围绕"质量、品种、效益"的发展理念，大力开展名优茶生产，全市茶园面积18.73万亩，茶叶总产量1.69万吨，比上年下降2.06%，总产值7 911万元，比上年增长28.47%，名优茶产量和产值分别占总产量、总产值的0.3%和4.1%。由于夏茶压价限收和限制红茶出口，茶叶换购计划化肥减少，以及化肥价格上扬等诸多因素，挫伤茶农的生产积极性，当年传统红茶、烘青绝产。1992年，率先制订了包括扁形、针形、条形、蟠曲形在内的DB 3302/T 01-92《名优绿茶生产技术规程》技术标准和DB 3302/T 02-92《名优绿茶》质量标准，并由宁波市标准计量局颁布实施，为逐步实现名优绿茶加工工艺规范化和产品质量标准化奠定了基础。1993年，新发展茶园7 000余亩，因茶叶内销宽松，市场需求改变，高级绿茶计入名优茶，当年茶叶总产量2.03万吨，茶叶产量突破2万吨，名优茶分别占茶叶总产量、总产值比重达到3.5%和17.7%。1995年，全市名优茶发展较快，珠茶等大宗毛茶价格上扬，全市茶园面积达18.33万亩，茶叶总产量1.85万吨、总产值17 947万元，分别比上年增长39.6%和57.1%，名优茶产量占总产量6.1%，产值占比为32.2%，出口茶叶836吨，创汇90万美元。在第二届中国农业博览会上，宁波市推荐的8种名茶全部获奖，至此宁波市共有市级以上名茶21种。1997年，宁波市委、市政府把茶叶生产列为全市十大主导农业产业。1998年，茶叶产量1.9万吨，总产值2.1亿元，分别比上年增长12.6%和27.6%，总产值首破2亿关，达到历史最高纪录。

2000年，全市茶叶产量1.8万吨，产值1.95亿元，其中名优茶产量和产值分别占总产量、总产值的6.85%和54.1%；贫困乡镇产名优茶484吨，产值4629万元，分别占名优茶总产量和总产值的39.3%和43.9%。全市新添置采制机械420台，机采面积9.5万亩，占茶园总面积的50.2%，节约生产成本1200万元。2002年，外销茶在珠茶继续疲软的情况下，扩大了对日贸易的煎茶生产，煎茶生产范围已扩大到余姚、鄞州、奉化、宁海等地，产量901吨、产值1981万元，两项数值同比增长48.7%和66.1%。2004年，全市茶叶总产量近2万吨，产值2亿多元。2007年，全市茶叶总产量2.2万吨，总产值4亿元，平均亩

2008年雪灾受冻茶园

产茶叶118千克，茶叶总产量、总产值及亩产均创历史新高。2008年，开春受特大雨雪冰冻灾害性天气影响，高山地区茶树冻死冻伤现象严重，全市茶叶产量2.0万吨，产值3.4亿元，比上年减产10.8%、减收14.8%。2010年，因气候影响，茶叶减产减收，春茶8 240吨，产值3.42亿元，分别比上年下降17.4%和5.6%。2014年，茶园面积再次达到20万亩，产量15 921吨。2015年，宁波地区出口茶叶1.84万吨、货值7 410.5万美元，同比分别下降3.7%和1.3%，茶叶出口受多重因素影响下滑明显，输欧盟、日本等国家和地区的高端茶叶1 404.6吨，同比增长6.4%。2016年，倒春寒造成早春茶大幅减产，受灾茶园以无性系品种为主，全市茶园受冻害影响面积在10万亩左右，其中3万亩严重受冻，茶叶产量14 223吨，较去年下降2%。2018年，茶园面积21.7万亩，产量1.9万吨，出口茶叶2.64万吨，创汇9 508万美元。2019年，茶园面积21.6万亩，产量1.7万吨，通过增加工夫红茶生产，开发黑茶、茶粉、抹茶、茉莉花茶等花色茶类，使纯绿茶区向绿茶主导的多茶类茶区发展。

第二节　茶园管理技术

唐陆羽《茶经》中有"植而罕茂，法如种瓜，三岁可采"。到明代对茶园管理技术已经有了比较详细的记载，明朝慈溪人罗廪《茶解》中指出"茶喜丛生，先治地平正，行间疏密，纵横各二尺许""茶根土实，草木难生则不茂。春时薙草，秋夏间锄掘三四遍，则次年抽茶更盛。茶地觉力薄，当培以焦土"。从《茶解》记述内容来看，明朝茶园管理已经相当精细。民国期间，茶园少有培育，大部分茶园仍是间作茶园，耕作粗放，水土流失严重，质量很低。

新中国成立后，开始注重栽培管理，20世纪50年代，宁波市有90%以上茶园进行翻耕除草。1957年，实行专业技术指导、专业队伍管理、专业茶园生产。全市推广余姚市大岚乡甘竹村、东潘村70亩条播专业茶园，逐步从零星兼营的间作茶园改为集中成片的专业条播茶园。种植密度从每亩400丛、2 000株左右，增加到1 330丛、4 000株左右。20世纪60年代初，茶叶亩产18.67千克。1963年后，茶园种植黄花苜蓿、马科豆等绿肥和割草铺园，提高茶园肥力。

20世纪70年代后，应用亩产150千克干茶栽培技术，推行"按产施肥"的科学施肥方法。其主要技术指标是：全土层60厘米以上，表土层25厘米以上，土壤pH 4.2～5.5，有机质1.5%以上，全氮0.1%左右，有效氮80毫克／千克，全磷0.05%，有效磷10毫克／千克以上，全钾2%左右，速效钾80毫克／千克以上。每产百千克干茶，施百千克饼肥、百千克标氮，氮、磷、钾之比为3：1：1。到1974年专业茶园8.67万亩，占总茶园面积的67%，亩产增至24.52千克。

1975年起，推广矮化密植速生栽培技术，选用高光效生态型品种，采取适宜的密度、高度和种植方式，运用综合的栽培管理措施，形成从幼年期到成年期都较为合理的群体结构，实现速生、高产、优质。主要技术要求是：土层深（1米以上）、底肥足（每亩蓄肥40担以上）、密度大（每亩种植1万～2万株），3年内茶园覆盖率达到80%以上。宁海前童乡上店村，1975年春种密植茶园6.5亩，第三年亩产干茶219千克，第四年360.5千克，第五年452.5千克，第六年达到474千克；鄞县瞻岐乡东二村0.7亩密植茶园，亩产高达555.5千克，创全市亩产最高纪录，实现"一年栽种，二年培育，三年亩产超双百，四年五年夺高产"的显著效果。

1975年，在余姚茶场、让贤乡章家岙村、丰北乡蔚秀村、鄞县云洲乡上兆坑村及奉化茶场等地，相继建成固定喷灌茶园1 100多亩，增产效果显著。据余姚茶场1975年与1981年干旱季节对比，喷区比非喷区平均亩产增产32.5千克。同时，常规专业茶园推广应用了"亩产150千克干茶栽培技术"，茶树覆盖率80%以上，叶面积指数3~4，叶层10厘米以上，百芽重30~40克，采摘25批次左右。1982年，全市14.87万亩投产茶园，平均亩产90千克，超过世界同期85千克平均水平，实现了大面积平均高产。

1990年开始以提高单产为重点，研究推广了"茶叶大面积亩产150千克以上模式栽培技术""中低产老茶区综合治理配套技术"等，使全市投产茶园平均亩产从1985年的69千克提高到1993年的128千克。随着市场需求的发展，栽培技术以提高质量、调整茶类结构为重点，研究推广了"名优茶早生优质栽培技术""名茶—高级绿茶—大宗茶多茶类组合采制技术""提高春茶比重，增加春茶产量技术""无性系良种引繁和适制性研究"等，"八五"期间筛选了14个适合宁波市推广良种，引繁了2 500多万株特早生和早生无性良种。

1991年底至1992年4月在北仑林场、余姚茶场、奉化茶场等处采用了塑料薄膜大棚覆盖，促使茶树早发芽、早采制、早上市，取得了明显效果。

1995年，加快研究、推广应用以省力、节本、快速高效的先进适用技术，大力推广生产机械化，使全市茶叶生产机械化水平大幅提高。1998年起，全市大宗茶机采和茶树机修每年保持1万~2万亩的速度增加。到2000年，宁波市拥有采茶机、修剪机1 500台，机修面积达到11.8万亩，机采面积达到8.5万亩，分别占可推广面积13万亩的85%和65%，率先在全国基本实现了机械化生产，全市茶园改造速度每年保持8 000~10 000亩的规模。2000年，全市引进发展无性系良种3 000余亩，第一次实现了前两个五年规划提出的目标要求。

2000年以后，把季周期栽培、茶园管理机械化、无公害茶和有机茶生产等技术作为重点推广内容。季周期树冠培养技术，是以优化茶树生长态势和有效产出为指标，在新建或改造茶园的树冠培养过程中，以季节生长周期替代年生长周期为衡定时间，进行树冠培养的一种新方法，它对于缩短树冠培养周期，达到早成园、早产出、早高效具有显著的效果。名优茶生产茶园开展立体采摘技术，即新建茶园和春后台刈茶园当年第一次定剪后经两轮蓄梢生长，尚不能满足秋后第二次定剪的要求，但已具有一定分枝数量和枝梢高度，翌年春天可根据茶芽萌发次序由上而下分批采摘，同时，通过采去上部茶芽，促发并蓄养下部新梢，可以有效地增加低位分枝密度，矮化茶树。

立体采摘茶园　　　　　　　　　立体采摘茶园茶树采摘枝

2004年以来，积极推进茶园良种化改造，加大白叶1号、黄金芽等白化茶的种植，在茶园管理中继续推广无公害、绿色和有机茶园栽培管理技术，茶叶加工中开展名优茶清洁化、标准化加工技术的推广，加强连续化生产线的建设。2017年，根据茶产业融合发展需要，打造美景茶园。2018年，市林业局提出活力高效安全茶业驱动技术创新示范专项，其主要内容是：茶园管理全程机械化与茶叶机械加工连续化技术集成示范与推广；生（矿）物农药和有机化肥主导的"深绿"高效栽培技术创新示范；主导茶类增量增值规范化技术应用示范；多林种协同的技术领先、园相精美、功能复合、效益叠加的"美景茶园"

模式创建示范。2020年，市农业农村局发布茶叶主导技术为：彩色茶园生态高效栽培技术、绿色防控基准化技术、茶园作业机械化技术等。省农业农村厅开展生态茶园的创建工作，2018—2020年创建"生态茶园"省级示范基地13个。

第三节　茶树主要病虫害及防治的发展

一、茶树主要病虫害

主要虫害为：茶尺蠖、小绿叶蝉、茶毛虫、茶黑毒蛾、黑刺粉虱、茶橙瘿螨等。主要病害为：茶云纹叶枯病、茶炭疽病、茶轮斑病等。对茶树病虫害，向来采用科学绿色防治措施。

二、病害防治的发展

1971年，浙江省建立茶树植保联系点，余姚茶场、奉化茶场、北仑柴桥镇后所村、鄞县瞻岐乡东一村、宁海水车乡下槎枫村、宁海深甽6个单位为省植保联系点。1974年，在余姚茶场建立宁波市茶树病虫测报中心，随之，北仑、宁海建立县（区）茶树病虫测报站，鄞县、象山分别设立测报点。奉化茶场建立植保室，初步形成全市茶树病虫测报体系，对主要害虫进行生活史的观察，运用历期法、物候法、积温法和主要害虫的室内饲养、田间查虫等，定期向茶区发布茶树病虫预报，指导茶区病虫防治工作。在做好清园亮脚、深垦浅削、开沟排水、加土施肥、及时采摘、修剪台刈等农业防治基础上，重点进行化学农药防治。根据虫情预报和防治指标，控制发虫中心和盛孵期，采取"挑治"等方法，对症下药。

20世纪70年代，采用乐果防治小绿叶蝉，敌敌畏、敌百虫防治茶尺蠖、茶毛虫等鳞翅目害虫，并在秋冬季用石硫合剂封园。20世纪80年代，采用杀灭菊酯、氯氧菊酯等高效、低毒、安全、广谱性新农药。基本做到害虫种类与使用农药、虫龄与农药浓度、害虫为害习性与喷药部位"三对口"。同时，利用"7216"杀虫菌防治鳞翅目害虫，赤眼蜂防治茶卷叶蛾，草蛉防治野虫等生物防治。1983年推广化学除草剂，到1987年，草甘膦除草剂使用面积达5万亩左右，占茶园总面积的25%。20世纪90年代后，病虫害防治药剂按照无公害生产要求使用。

进入21世纪，根据茶叶品质向新、优和无公害、绿色、有机方向发展的要求，提倡使用物理防治或非化学农药或生物农药进行防治，名茶多用生物农药防治。常用的生物农药有10余种，如苏云金杆菌用于防治鳞翅目虫害；茶毛虫核型多角体病毒用于防治茶毛虫；茶尺蠖核型多角体病毒制剂用于防治茶尺蠖；苦参碱用于防治粉虱、红蜘蛛、茶毛虫、茶尺蠖和霜霉病、灰霉病、炭疽病等；印楝素用于防治茶小绿叶蝉、茶毛虫等；多杀霉素用于防治茶尺蠖、茶小绿叶蝉等；白僵菌用于防治茶小绿叶蝉、茶小卷叶蛾、茶丽纹象甲害虫等。根据病虫害发生种类，选择使用，做到早发现、早防治。

第四节　茶园设备

茶园设备主要分为耕作、修剪、采摘、植保等设备。

茶园深耕机

单人式茶树修剪机

双人式采茶机

风吸式杀虫灯

茶园喷灌设备

第四章 ◎ 茶树品种

从晋代"余姚人虞洪，入山采茗"以来，经过上千年的繁衍和传播，以及人工选择和引进，宁波形成了十分丰富的茶树品种资源，主要是灌木型中、小叶种茶树为主，以鸠坑种、白叶1号（安吉白茶）、嘉茗1号（乌牛早）、龙井系列、浙农系列、福鼎大白等适制绿茶品种为主，金观音、金牡丹、黄观音等适制红茶的品种也有少量种植。近年，宁波在白化茶种质资源选育和分类研究方面成果突出，已通过省级以上品种认（审、鉴）定登记的白化、黄化等叶色特异茶树品种20余个，占据特异茶树品种资源半壁江山。

第一节　茶树种质资源的保护

宁波市级种质资源库（场）是指地方性珍稀与特色种质资源的保存与鉴定、育种中间材料保存、种质特性评价鉴定基地及种质资源长期保存库。2019年，开始建立市级种质资源库（保种场），宁波市黄金韵茶业科技有限公司和宁波福泉山茶场被认定为宁波市种质资源库（场）。

宁波福泉山茶场种质资源库是"国家北方茶树良种繁育基地"，始建于1979年，由农业部和宁波市联合投资建立；1987年，浙江省农业厅在此设立"浙江省茶树良种繁育示范场"，目前保存茶树种质资源103份，其中国家级和省级良种比例达到75%以上。

宁波市黄金韵茶业科技有限公司种质资源库始建于2000年，是

"国家林木种质资源平台宁波特色树种种质资源库子平台——山茶属树种种质保护基地"（2013年中国林业科学研究院批准），现保存有茶树种质445份（其中自主选育的白化、彩色茶树种质资源410份），选育的新品种获国家植物新品种授权10余个，2个品种通过省林木良种认定，特异茶树种质资源创新和利用水平位居国内领先地位。

第二节　自主选育的品种

一、低温敏感型白化变异种

（一）四明雪芽

余姚当地群体种中选育的自然株变异。灌木型，树体直立，植株健壮高大，生长势强，枝梢粗壮，生长发育能力并不受白化变异的影响。中生、中芽种，芽体壮实；宁波茶区平原地区一芽一叶初展期在3月下旬至4月初，一芽二叶初展在4月上旬，大叶类，成叶长9～12厘米，宽3.5～5.5厘米，成叶椭圆形，叶面平而质地厚，叶缘锯齿明显，成叶色墨绿，冬天叶色尤为深暗，是辨识该品种的明显特征。

该品种为低温敏感型阶段性白化变异种。当气温低于20℃时，春茶新芽萌展初期即呈玉白色，随着新叶的萌展白化程度加强，最白时间可延续到一芽四五叶，芽体、叶面、茎脉全部呈乳白色，而后随着温度升高而复绿。

加工试验表明，白化期，一芽一叶初展为原料采制的扁形茶外形挺直壮实，色泽绿带嫩黄明亮、香气浓烈，滋味鲜甜；白化盛期，一芽二叶初展采制的宁波白茶外形绿翠镶金黄色泽，香高鲜灵，滋味极鲜；返绿期采制的卷曲茶色泽绿稍带黛色，香气高而持久，滋味极鲜醇厚，耐冲泡。

四明雪芽白化性状

（二）千年雪

余姚当地农家选育自然变异株，1998年开始繁育试种。灌木型，树体半直立，树势强，树体高大，顶端优势中等，分枝密，生长发育能力与常规品种无异，并不受白化变异影响，但节间短，树体及枝梢伸张能力稍低于四明雪芽。中生种，芽体中等偏短粗；大叶类，成叶长约8～11厘米，宽3～4.5厘米，叶质厚而面起波折，叶色绿而光泽少，花白色，不结实或少结实。宁波茶区平原地区一芽一叶初展期在3月下旬至4月初，一芽二叶初展在4月上旬。

该品种为低温敏感型白化变异种。当气温低于25℃时，春茶新芽萌展初期粗壮、乳白色，萌展后渐成绿茎雪白叶片，随着新叶的萌展白化程度加强，最白时间可延续到一芽四五叶，芽体、叶面呈乳白色，茎脉稍绿，而后随着温度升高，叶背出现复绿，而叶面仍保留白色，多数6、7月间返绿，少数到冬天仍保留白化残留特征。

加工试验表明，以白化期一芽一叶初展为原料采制的扁形茶外形挺直壮实，色泽绿带嫩黄明亮，香气高鲜，滋味鲜甜；白化盛期一芽二叶初展采制的宁波白茶外形绿翠镶金黄色泽，香高鲜灵、滋味鲜醇；以返绿期采制的卷曲茶色泽绿亮，香气高而持久，滋味醇鲜。

千年雪白化性状

（三）瑞雪1号

低温敏感型白色系白化茶，白化表现稳定。春梢芽、叶、茎均能白色白化，最白时色泽呈雪白色；新梢形成驻芽、叶片成熟后，叶色开始返绿，直到6月中旬呈完全绿色；夏、秋梢芽色稍红、叶呈绿色；越冬叶色墨绿，蜡质明显，叶质厚重，叶缘平。树势健壮强于母本和白叶1号。

该品种属灌木型，树姿直立；中生偏早、小叶种，椭圆形叶，叶长、宽为9.6～8.4厘米、4.1～5.2厘米；春茶一芽一叶期为3月下旬；花期10月中旬至12月末，开花中等、结实少，花色瓣白蕊黄，雌蕊高，花柱3裂、分裂位置中等。

（四）瑞雪2号

低温敏感型白色系白化茶，白化表现稳定。春梢芽、叶、茎均能白色白化，最白时色泽呈雪白色；新梢形成驻芽、叶片成熟后，直到6月中旬叶色开始返绿；夏、秋梢芽色稍红、叶呈绿色；越冬叶色绿，叶缘波折弱。树势健壮。

该品种属灌木型，树姿半开张；中叶种，中椭圆形叶，成叶叶色绿，叶长、宽为8.6～9.4厘米、3.6～4.1厘米；中生偏早，春茶一芽一叶期为3月下旬至4月初；花期10月中旬至12月末，开花、结实少，花色瓣白蕊黄，花柱3裂、分裂位置高，雌蕊高。

二、光敏型白化变异品种

（一）黄金芽

无性系，灌木型，中叶类，中生种。1998年余姚当地品种茶树群体的自然变异枝条，通过扦插繁殖，经多代提纯而成的光照敏感型新梢白化变异体。2008年通过浙江省林木品种审定委员会认定，编号浙R-SV-CS-010-2008。

该品种植株中等，树姿半开张，分枝密度中等而伸展能力较强。叶片呈上斜状着生，披针形，叶色浅绿或黄白，光泽少，叶面平，叶身平或稍内折，叶缘平或波，叶尖渐尖，叶齿浅密，黄化叶前期质地较薄软、后叶缘明显增厚。开花量大、花冠直径3.5～4.0厘米，萼片5枚、少毛，花瓣4～5瓣，子房茸毛中等，花柱3裂。

黄金芽性状

在5 000℃年活动积温区域，该品种一芽二叶初展期在3月下旬至4月初，芽体较小，茸毛多，黄白色。茶园全年保持黄色，一芽二叶初展百芽重12.9克。2010年在杭州取样，春茶一芽二叶干样约含茶多酚23.4%、氨基酸4.0%、咖啡碱2.6%、水浸出物48.4%。产量中等，每亩可产鲜叶86千克。适制名优绿茶，具有"三黄"标志；香气浓郁有瓜果韵，持久悠长；滋味醇、糯、鲜。以一芽一叶初展为原料采制的卷曲形茶，外形纤秀、浅黄色，香气高鲜，滋味鲜甜。以一芽二叶初展采制的成品，外形浅黄色带绿，香气高而鲜灵，滋味鲜醇。白化程度高的黄金芽抗寒冻、抗旱、抗灼伤能力相对较弱，但返绿程度好的茶园依然有良好的抗逆能力。

（二）御金香

由余姚当地小叶种群体茶树的实生苗白化变异选育获得。灌木，直立，树体高大，树势强盛，新梢萌展能力、伸展能力强；中叶种，叶片椭圆形，叶长8.5～9.4厘米，宽3.4～4.0厘米，返绿叶蜡质明显；中生种，芽型粗壮，当地春茶一芽一叶开采期为4月上中旬，百芽重12克；花期10月中旬至12月末，开花、结实能力良好，花朵瓣白蕊黄，花柱浅裂，种子圆球形，直径1.2～1.4厘米。

御金香茶园及性状

该品种属光照敏感型、黄色系白化变异种。第一、第二轮新梢（4—6月）、秋梢（9—11月）表现黄色白化，成熟后返绿，第三、第四轮新梢（7—8月）不白化；白化启动光照阈值1.5万勒克斯，光照2.5万勒克斯以上出现明显黄色。

（三）醉金红

光照敏感型、黄色系白化变异种。春、夏、秋梢一芽二叶前芽、叶色泽多呈紫红色（在气温较低时稍显红色），与母本差别明显；成熟叶色均呈金黄色或黄色，稍浅于母本，白化启动光照阈值1.5万勒克斯，光照2.5万勒克斯以上出现明显黄色，最大黄色程度为115c（潘东色卡），黄色程度稍浅于黄金芽茶；返绿较为容易，抗阳光灼伤能力较强。

该品种属灌木型，树姿直立，树体高大，树势强盛，新梢萌展能力、伸展能力强；小叶种，长椭圆形叶，叶较大，叶长、宽为8.5～8.9厘米、3.1～3.3厘米，叶脉9～11对，叶表隆起明显；晚生种，芽型中等，春茶一芽一叶开采期为4月上旬、芽体长3.1～3.5厘米；花期10月中旬至12月末，开花、结实能力中等，花朵直径小于4.0厘米，雌蕊低，柱头3裂、分裂位置中等。

醉金红黄化性状

（四）黄金甲

光照敏感型、黄色系白化变异种。春、夏、秋梢均表现金黄色或黄色白化，成熟后也能保住黄色特征，白化启动光照阈值1.5万勒克斯，光照2.5万勒克斯以上出现明显黄色，最大黄色程度为115c（潘东色卡），成熟后黄色程度稍浅于黄金芽茶；持续阴雨天气、人工遮阳或自然遮阴树冠下部的新梢、成熟芽叶因返绿而呈绿色，成龄茶树树冠下部多呈绿色。

黄金甲黄化性状

该品种属灌木型，树姿直立，树体高大，树势强盛，新梢萌展能力、伸展能力强；中叶种，椭圆形叶，叶型大，叶长、宽为8.1～9.4厘米、3.8～4.0厘米；早生种，芽型秀长，春茶一芽一叶开采期为3月中下旬、芽体长3.5厘米；花期10月中旬至12月末，开花、结实能力良好，花朵大，直径大于4.5厘米，雌蕊低，柱头3裂、分裂位置中等。

（五）黄金蝉

灌木型，树姿直立，树势强，新梢萌展能力、伸展能力强；中叶种，椭圆形叶，叶长、宽为8.1～9.4厘米、3.8～4.0厘米；成熟叶叶姿向上，叶质中，叶面平，叶缘无波折，横切面形态内折；新梢芽体茸毫稀，芽型秀长，一芽一叶长度3.3～3.6厘米、百芽重10.5～11.3克；中偏早生种，春茶一芽一叶开采期为3月下旬，花期10月中旬至12月末，开花、结实少，直径3.4～3.8厘米；花梗、花萼有花青甙，柱头3裂、分裂位置低，雌蕊高。

光照敏感型、黄色系白化变异种，白化规律、生态要求与母本黄金芽茶相近。春、夏、秋梢均表现金黄色或黄色白化，新梢成熟后也能保住黄色特征。其中，春梢黄色白化程度高，接近黄泛白色，春夏间返绿后的叶片纵向沿叶脉中间有白化残留；持续阴雨天气、人工遮阳或自然遮阴时，新梢色泽能迅速返绿，成龄茶树树冠下部多呈绿色。

（六）黄金毫

灌木型，树姿直立，树势强，新梢萌展能力、伸展能力强；小叶种，长椭圆形叶，叶长、宽为6.7～8.0厘米、2.4～2.8厘米；幼叶叶面平、基部钝、前端尖；成熟叶质硬、叶缘波折明显，纵向背卷，叶姿下垂；新梢芽体茸毫密集，芽型粗壮，芽体长，一芽一叶长度3.3～3.6厘米、百芽重11.0～15.0克；晚生种，春茶一芽一叶开采期为4月上、中旬，花期10月中旬至12月末，开花中等、结实少，花朵小，直径3.4～3.8厘米，雌蕊高，柱头3裂、分裂位置低。

光照敏感型、黄色系白化变异种，春、夏、秋梢均表现金黄色或黄色白化，成熟后也能保住黄色特征，白化规律与生态要求与母本黄金芽茶相近，抗逆性较好；持续阴雨天气、人工遮阳或自然遮阴时，新梢色泽能迅速返绿，成龄茶树树冠下部多呈绿色。

三、复合型白化变异品种

（一）金玉缘

2008年，由黄金芽茶树产生的芽变株、经扦插繁育而成，2013年获国家林业局植物新品种保护授权，为我国第一个光敏复合型复色系白化茶树品种。光敏复合型、复色系白化，白化形态规则、稳定。三季新梢萌展到一芽一二叶后，沿主脉两侧、约占全叶1/4至1/2的叶片中间部分呈白色白化，叶周部分呈黄色，茎在伸展生长过程中由乳黄渐变为白色，枝梢成熟时达到最大白色程度。因此，新梢叶片由白、黄组成复色叶，而全树叶色由黄、白、绿（树冠下部返绿叶）构成三色复色。

该品种属灌木型，树姿半开张，树势中等；分枝密度大，蓄养枝梢长而匀称，与母本一致。小叶种，长椭圆形叶，正常树势时，叶形及大小与母本相近，叶长、宽分别为6.5～8.0厘米、2.5～3.0厘米，但在树势弱下时叶形明显变小。芽体中等偏小，少毫、展叶姿态与黄金芽相近；花期10月中旬至12月末，开花少，结实少，花朵瓣白蕊黄，花柱三裂、深，种子小。中生种，大于10℃的年活动积温5 000℃区域的春茶一芽一叶开采期约在3月下旬至4月初。萌芽能力强，数量型品种。芽型小，一芽一叶至三叶，芽叶长、芽体长、百芽重分别为黄金芽 的93.3% ~ 86.7%、98.6% ~ 88.9%、96.3% ~ 70.6%，随着芽叶伸展，两者差距拉大，说明金玉缘树势不及黄金芽强盛。

金玉缘复色茎叶

（二）金玉满堂

生态不敏型复色系白化变异种，春、夏、秋梢随着芽叶萌展、成熟逐渐表现出黄白色、绿色等组成的复色，具有"后明性"现象，其中夏秋梢成熟叶的复色比春茶更为明显，成熟后叶色不再变化，直到生命终结，但叶片白化部分抗逆性相对较弱，遇低温冰冻和高温容易受损。

该品种属灌木型，树姿开张，树势中等，新梢萌展和伸展能力中等；小叶种，椭圆形叶，叶长、宽为5.6 ~ 8.5厘米、2.5 ~ 3.5厘米；成熟叶叶姿向外，叶质中，叶面平，叶缘无波折；新梢芽体茸毫稀，一芽一叶长度2.8 ~ 3.2厘米；晚生种，春茶一芽一叶开采期为4月上、中旬，花期10月中旬至12月末，开花、结实少，直径3.4 ~ 3.8厘米；花梗、花萼有花青甙，柱头3裂、分裂位置中，雌蕊等高。

四、常规品种——望海茶1号

2020年9月30日，"望海茶1号"获得农业农村部植物新品种保护办公室的品种权证书（品种权号CNA20161 835.7）。望海茶1号属灌木型植株，中叶类，早生种，植株大小中等，树姿半开张，分枝适度，叶片向上着生，叶长约9.2厘米，宽约3.8厘米，呈椭圆形或窄椭圆形，叶色浅绿或绿，叶面隆起，叶身平，叶脉数约9.5对；叶缘波浪形，叶尖急尖，叶齿中，叶齿对数约31对；叶质柔软，芽叶浅绿色，茸毛中等。花梗长度约0.84厘米，花冠直径约4.6厘米，子房茸毛中等，花柱3裂，长度约1.6厘米，雌蕊与雄蕊等高。

望海茶1号单芽采摘期基本在3月10日前后，比特早生品种"嘉茗1号"晚5～10天，其萌发期与"龙井43"品种较接近，表明该品系具有较早的萌发优势，1 109厘米^{2}发芽个数达154.2个，单芽百芽重9.2克，一芽三叶百芽重62.6克，望海茶1号不仅具有较高的发芽密度，而且芽叶肥壮，产量高，尤其适合单芽类名优茶的生产。望海茶1号内含物丰富，水浸出物含量基本达到50%，表明茶汤具有一定的浓度。茶多酚含量20%～24.4%，儿茶素总量占茶多酚比值均在75%以上，游离氨基酸含量4.0%～5.3%，望海茶1号适制绿茶。

望海茶1号鲜叶带有淡淡的清香，经望海茶加工工艺制作，内含物质发生转化，呈现出高档名优茶难得的兰花香，经农业部茶叶质量监督检验测试中心审评，该品种所制茶样外形嫩绿挺直，汤色嫩绿明亮，香气清高，易出兰花香，滋味甘醇鲜爽，叶底嫩绿明亮。

望海茶1号蓬面

望海茶1号茶树形态

第五章 ◎ 茶叶采制

茶叶采制真正意义上的史料记载在唐代，即陆羽《茶经》的记述："凡采茶，在二月、三月、四月之间。茶之笋者，生烂石沃土，长四五寸，若薇蕨始抽，凌露采焉。茶之芽者，发于丛薄之上，有三枝、四枝、五枝者，选其中枝颖拔者采焉。其日，有雨不采，晴有云不采；晴，采之、蒸之、捣之、焙之、穿之、封之、茶之干矣。"

第一节　茶叶采摘

唐代陆羽《茶经·七之事》所引《神异记》中"后常令家人入山，获大茗焉"，写明山上采茶。宋末元初，宁海人舒岳祥在《自归耕篆见村妇有摘茶车水卖鱼汲水行饁寄》描写了宁海农妇摘茶的状态。明代，黄尚质有诗记述旧时采茶以妇女为多。鄞县人屠隆在《茶说》记："采茶不必太细，细则芽初萌而味欠足；不必太青，青则茶已老而味欠嫩。须谷雨前后，觅成梗带叶，微绿色而团且厚者为上。更须天色晴明，采之方妙。"对茶叶采摘标准，采摘天气都做了详细的要求。明末清初，黄宗羲诗曰："檐溜松风方扫尽，轻阴正是采茶天。相邀直上孤峰顶，出市俱争谷雨前。"宁波鄞县西乡（以今海曙区横街镇为主体）的《桃源乡志》卷五《物产志》，记载了茶树春夏两季可采。光绪《鄞县志》卷二《风俗》中新增了这样一段话："清明后，近山妇女结伴采茶，以谷雨前采者曰'雨茶'，立夏节所采曰'老婆茶'。"对采茶的鲜叶嫩度有了较高要求。

民国三十六年（1947），《南潮》（第十六、十七合刊）在"奉化绿茶"中记述，民国期间，年年立夏前后为采茶季节，按采摘的先后，尚有头茶（又有春茶）、二茶（又有梅茶）的分别。

新中国成立初期，以采春茶为主，兼采夏茶，不采秋茶，素有"春茶一担，夏茶一头（半担）"之称。谷雨前后开园，立夏前后结束，以传统"一脚踏、一把捋、一口咬"的旧法采茶。同时，开始推广茶树修剪技术。在茶树幼年期，进行3次定型修剪。每次修剪，茶树高度比前一次提高15～20厘米。在每个季节采茶，均采用"采高养低、采顶留侧、采强扶弱"的打顶养丛方法。当茶树高达60厘米时，丰产型茶树骨架大致定型。

1957年，推行杭州龙井茶场来荷仙双手采茶法，逐步提高工效，缓解了采茶劳力的矛盾。1960年后，随着条栽常规专业茶园和密植速生茶园投产，以及茶园肥培管理的加强，推广及时分批、按标准（一芽二三叶）留大叶的采摘制度，实行幼龄茶园二次定型修剪，成龄茶园春前轻修剪，做到剪、采、养结合，扩大采摘面，延长采摘期，增加茶叶采摘批次，提高夏秋茶比重。采摘时间，一般为每年4月上旬开采到10月中旬结束，采摘期约为半年左右。春茶一般从4月上旬开采到5月下旬结束，采摘期为40天；夏茶从6月初开采到7月中旬结束，采摘期为40天；秋茶从7月下旬开采到10月上旬结束，采摘期近80天。

1980年后，采用日本引进和国产修剪机、采茶机各4台，在鄞县福泉山茶场、奉化茶场、余姚茶场等地进行机械修剪、采摘试点，工效成倍提高。1988年后，推广茶叶早生品种及发展名优茶生产，春茶开采季节从谷雨前后提前至3月上旬。"茶叶大面积亩产150千克以上模式化栽培技术"中推行分段采摘技术，即四月初，茶叶生长到一芽一叶初展时采摘，加工名茶；采一芽二叶加工高级绿茶，采一芽二三叶加工大宗茶。不加工名优茶的茶园，在有10%～15%的一芽二三叶时，开园跑采。实行分批、按标准、及时采摘，全年采摘12～23批。

茶叶产量分季比重分别为春茶43%、夏茶26%、秋茶31%。1990年，设机械采茶试验示范点6处，有采茶机45台、修剪机22台，机械采茶面积1 028.8亩，采鲜叶331吨，比手工采摘工效提高6～38倍，成本下降17%～78%，质量提高11%～41%。1997年，推广机械化采制技术，机采面积5.20万亩，占总茶园面积29.2%。机制名茶产量占名茶总产量的74%。1998年起，全市大宗茶机采和茶树机修每年保持1万～2万亩的速度增加，到2000年，全市拥有采茶机、修剪机1 500台，机修面积达到11.8万亩，机采面积达到8.5万亩，分别占可推广面积13万亩的85%和65%。随着名优茶产业的发展，形成了立体采摘和平面采摘两种茶园管理模式，立体茶园以春季采摘名优绿茶原料为主，宁波市地方标准《名优绿茶生产技术规程》规定，常规名优绿茶原料应选择春茶、秋茶前期幼嫩芽叶。平面采摘茶园除采摘名优茶外，适合机采，用于生产大宗茶。

名优绿茶鲜叶采摘嫩度指标

鲜叶原料	精品	特级	一级	普级
扁形茶 针形茶 条形茶	全单芽或 雀舌状芽叶	一芽一叶或 一芽二叶初 展为主	一芽二叶初展 或一芽二叶开 展为主	一芽二三叶 初展为主
曲毫茶	一芽一叶为主	一芽二叶 初展为主	一芽二叶 开展为主	一芽三叶 初展为主

福泉山茶场珠茶机采适期标准

茶季	机采起止时间	标准新梢		备注
		长度（厘米）	比例（%）	
春茶	4月28日—5月4日	5.5～6.0	70～75	毛茶等级 为3级5等
	5月20日—5月26日	5.5～6.0	70	

茶季	机采起止时间	标准新梢		备注
		长度（厘米）	比例（%）	
霉茶	6月14日—6月18日	5.0	65	毛茶等级为3级5等
	7月4日—7月8日	5.0	60	
伏茶	7月24日—7月28日	5.0～5.5	50	
	8月15日—8月20日	5.0～5.5	50	
秋茶	9月10日—9月15日	5.0	50	

第二节　茶叶加工发展

一、古代茶叶加工

唐陆羽《茶经·八之出》中载："余姚县生瀑布泉岭曰仙茗，大者殊异，小者与襄州同。"不但列出了"仙茗"茶名，对品质也给予了"越州上"的肯定评价。唐代制茶采取蒸青法，蒸而捣拍为饼茶，蒸而不捣为散茶，捣而不拍为末茶。

宋代茶叶分为片茶、散茶两大类。《嘉泰会稽志》中"每岁批发住卖"有详细记载：余姚批发茶叶14 600斤。宋高宗绍兴三十二年（1162），明州产茶位居浙东第一位。

元代制茶有团饼茶、散茶和末茶。元勿思慧在《饮膳正要》中提到了范殿帅茶"系江浙庆元路造进茶芽，味色绝胜诸茶"。南宋降元将领、南宋殿前副都指挥使范文虎发现在慈溪县（今余姚）车厩岙三女山一带有非常好的芽茶，烘焙后进贡于元世祖忽必烈，被元代朝廷列为贡品。明代顾言的《贡茶碑记》，详细记述了宁波贡茶的盛衰始末，碑记收录于清雍正八年（1730）的《慈溪县志·卷十四》，慈溪县的贡茶自元至元十八年（1281）至明万历二十三年（1595）有314年历史，每岁额贡茶芽260斤，制茶局负责监制，呈现时间久长、数量众多、制作讲究等特点。碑文也记载了贡茶的包装，先用黄色丝绢，共26丈[①]，黄绢之外，再用桑皮宣纸类的纸扎包裹，再用竹筏在外面编制成竹筐扎紧，使芽茶不易断碎。戴表元曾写了《四明山中十绝·茶焙》曰："山深不见焙茶人，霜日清妍树树春。最有风情是岩水，味甘如乳色如银。"可见经过焙制加工以后的四明茶有较高的质量。

明代是制茶技术变革最重要的时期。明洪武年间，"太祖以其劳民，罢造，惟令采茶芽以进"，散茶获得全面发展。慈溪茶人罗廪在《茶解》中，对茶叶炒制做了详细记录，"凡炒止可一握，候铛微炙手，置茶铛中札札有声，急手炒匀。出之箕上，薄摊用扇扇冷，略加揉按。再略炒，入文火铛焙干，色如翡翠。若出铛不扇，不免变色。""茶炒熟后，必须揉按，揉按则脂膏熔液，少许入汤，味无不全"。鄞县人屠隆的《茶说》除了记载茶叶加工，也写到了"诸花茶"，记录了茉莉花茶的加工方法："茉莉花以热水半杯放冷，铺竹纸一层，上穿数孔，晚时，采初开茉莉花，缀于孔内，上用纸封不令泄气。明晨取花簪之，水香可点茶。"

二、近代茶叶加工

（一）清代

绿茶制作基本沿袭明代，出现了外形特殊的珠茶。黄宗羲《制新茶》曰："檐溜松风方扫尽，轻阴正是采茶天。相邀直上孤峰顶，出市

---

① 丈为非法定计量单位，1丈＝10尺≈3.33米。——编者注

俱争谷雨前。两筥东西分梗叶，一灯儿女共团圆。炒青已到更阑后，犹试新烹瀑布泉。"这是一幅四明山乡民采茶制茶图，生动具体地描写了瀑布茶采摘制作过程，证实当时的制茶技术已由蒸青发展为炒青，而且表明四明的茶叶已作为商品上市出售。

日铸茶何时起精制成珠形并推广到宁绍各地产区，较普遍地认为在明末清初。浙东四明山横跨余姚、鄞县、上虞、奉化、嵊县、新昌等县，原产著名日铸茶，鸦片战争后，海禁大开，各县所产之茶，集中平水，加工精制为圆形绿茶，大量输出，以供国内外市场之需要，昔日供应全国之日铸茶，遂一变而为运销海外之平水茶。四明山所产茶亦从长身改为圆形，纳入平水茶区外销范围。珠茶制法精细，形状特突，外销数量曾占华茶出口的首位。制茶行业随着出口扩大逐渐形成和发展起来，茶叶产区相继出现了集收购、加工、运销为一体的茶栈。

（二）民国

茶叶的加工一般为茶户手工制作。其程序是"铁锅杀青，手工揉捻，入锅炒干"。干人俊的民国《慈溪新志稿》卷七《制茶业》对茶叶的加工做了记述。今节录如下：

鲜茶叶由茶户采下，即由茶户制造粗茶，由茶栈收买后再行烘制。茶户之制茶皆用手工，其烘焙法分三次：①做头次。先将鲜茶叶入热镬中，用手上下搅拌，使热度均匀，至茶叶萎柔发出黏性，即行取出，使稍冷，是名做青草，又名做头次。②做二次。至稍冷时，去其粗枝杂梗，用手揉拌，使茶叶成团，再入热镬，上下搅拌，至六七分干燥，茶叶略带黑色，急减去镬下火力，是曰做烂茶，又曰做二次。③做三次。镬内热减少者，继续上下搅拌，使之干燥，是曰做燥茶，又曰做三次。

遇天气晴暖，烈日当空时，常省去一二两次做茶工作，而以曝光曝晒代之，时间人工固省去不少，然以茶味之品质香味而论，不及烘焙远甚。

民国二十一年（1932），有茶栈四五家，设于余姚陆家埠、奉化溪口、镇海柴桥，制作与买卖兼营，农户采鲜叶制成毛茶，茶栈收买后烘制加工，年需原料毛茶计值16.5万元。民国二十九年（1940），经浙江省油茶棉丝管理处核准登记的精制茶厂21家，其中余姚4家、奉化14家、鄞县3家。精制茶厂把采购的毛茶，经过筛提、拣剔、扬扇、复蜡，再行筛分，用毛筛、分筛、撩筛、抖筛、吊筛、飘筛等不同手法，分成珠茶7种（丁蚕、正蚕、三蚕、中目、正虾、副虾、禾目），圆头3种（头号、二号、三号），长茶3种（珍眉、针眉、秀眉），熙春1种（贡熙），合计14种。然后再加一次补火，使茶叶完全干燥。

三、新中国成立后

新中国成立初，精制茶厂一家不存。各地收购毛茶，全部调运绍兴精制茶厂加工、拼配、出口。1950年，为缓和粮茶争劳力矛盾，组织推行茶叶初制所，初制毛茶从手工操作逐渐发展为半机械、机械化制茶。1952年，余姚、镇海等地建立初制所41处，推广木质揉捻机132台。1953年，余姚县白鹿乡陈茂强创造手摇杀青机，工效比手工提高4倍。1958年，全市有初制茶厂103家，推广以畜力、火力、水力为动力的58型制茶机248台，土制茶机251台。1963年后，基本实现茶叶初制加工机械化。1978年，根据国内外市场对茶叶需求，茶类布局进行逐步调整，全市有珠茶、工夫红茶、烘青和眉茶4类。珠茶主要分布在四明山区的余姚、鄞县、奉化等县（市），以及慈溪、江北、宁海、象山等县（市、区）部分茶区；工夫红茶主产区在北仑；烘青主要分布于宁海、象山等县；眉茶主要分布于镇海区、奉化茶场和尚田区；宁海岔路湖头村生产紧压茶（边销茶）为主，茶叶精制厂3家，年加工能力3 000吨。1983—1987年，市、县先后拨出60万元资金用于茶类改制和名茶创制，配备了烘干机400多台，新建红碎茶生产线三条，使余姚、鄞县、奉化茶场和一些重点乡村配有两种茶类的加工设备，其中象山县配有两套茶机的初制厂已达70%。1984年余姚茶场、福泉山茶场等单位生产的"天坛牌"特级珠茶获西班牙第23届世界优质食品金质奖。1984年以来，先后创制地方名茶12种，其中宁海县的望海茶和北仑区的太白龙井分别被评为省级和市级名茶，名茶产量已达4000千克，加工机械的配套，名茶生产的发展，带动了茶类结构的调整，从比较单一的大宗茶生产转向多品类生产。

"天坛牌"特级珠茶1984年获西班牙马德里世界优质食品金质奖奖状

1987年，乡镇、村、场办精制茶厂30家，年加工能力2万吨，其中主产珠茶精制厂12家，红茶精制厂4家，花茶及原料精制厂14家，各茶类的比重珠茶占比为62.7%，红茶占比为16.6%，烘青占比为20.1%，杭炒占比为0.3%，名茶占比为0.3%。1990年，茶叶初制厂1194家，置各种初制机械8251台，其中杀青机2000台、揉捻机2000台、二青机700台、炒干机2670台、烘干机480台、萎凋槽150台，年生产能力1.5万吨以上。精制茶厂37家，年加工能力3万吨，其中主产珠茶精制厂16家，红茶精制厂2家，花茶及原料精制厂19家。"八五"期间，以市场为导向，效益为目的，及时调整茶类结构，大力发展以名优茶为龙头，出口珠茶为主的多茶类生产，形成了扁形、针形、条形、蟠曲形的名优茶；珠茶、烘青、条红、杭炒、煎茶、紧压茶等大宗茶和七叶茶、减肥茶等保健茶组成的多茶类生产格局。名优茶得到迅速发展，主要特点有三：一是速度快，宁波市生产名优茶面积从"七五"末期的1万亩扩大到10万多亩，名优茶产量（包括高级绿茶）从1990年的47吨增加到1137吨。二是水平高，宁波市现有部、省、市级以上名茶18种，其中望府银毫等6种名茶入选《全国名优茶选集》。1995年武岭茶等6种产品在中国第二届农业博览会上分别获得金奖，显示了宁波市名茶较高的工艺技术水平。三是效益好，名优茶生产大幅度提高了鲜叶原料的经济价值，经济效益十分显著。"八五"期间累计名优茶产值1.37亿元，是"七五"累计产值1 352万元的10.1倍，1995年名优茶产值5 778万元，是1990年660万元的8.75倍，平均每年以54.3%的递增速度发展。1995年，大宗茶产销不景气，导致加工业严重萎缩，全市已关停精制茶厂22家（加工能力7 000吨）其中乡镇、村、场精制厂18家，造成精加工增值大幅度下降，乡镇、村、场精制厂精加工增值仅651万元，比1992年的2 105万元减收1 454万元，减幅达69%。

"九五"前期，宁波市在大力提高茶叶产量水平的同时积极开发名优茶生产，通过连续举办10多届名优茶评比活动等，先后开发了21种市级以上名茶，使名优茶生产普及全市，并产生了较好的经济效益。"九五"后半期，宁波市名优茶发展实施了重品种开发向重名牌建设的战略转移：先后并转、取消了四明龙尖等8个有牌无量的名茶；扶植望海茶、瀑布仙茗2个品牌为全市重点品牌；鼓励望府银毫、东海龙舌、奉化曲毫等10种名茶扩大生产规模。望海茶、瀑布仙茗被评为首批市名牌产品，并且以名牌引导生产的格局基本确立，品牌名茶生产上规模、市场占有稳步扩大，全市名优茶产值在1999年、2000年均保持两位数的增幅。2001年，春季名优茶产值首次突破亿元大关，达到1.054 9亿元，在春茶总产值中的比重达65%。2004年，由省农业厅和省茶叶产业协会共同主办的首届浙江十大名茶评比揭晓，宁海望海茶被评为浙江十大名茶。2007年，宁波市政府举办首届宁波市"八大名茶"评比活动，经国内权威专家评比，宁海望海茶、宁波印雪白茶、奉化曲毫、北仑三山玉叶、余姚瀑布仙茗、宁海望府茶、余姚四明龙尖、象山天气池翠入选。全市完成食品市场准入制度（QS）和初制茶厂改造94家，其中获得QS证书78家、出口茶初制厂16家。进入"十三五"，宁波市茶业在继续保持名优茶为效益主体的同时，开展了"减蒸、增红、探花色"的茶类结构优化调整，通过大幅度削减蒸青茶，增加工夫红茶生产，开发黑茶、茶粉、抹茶等花色茶类，形成了以绿茶生产为主导，多茶类协同的产业格局。由瀑布仙茗、望海茶、奉化曲毫、半岛仙茗、太白滴翠、它山堰茶6个县域公共品牌、1个全市性品牌印雪白茶和望府茶、东海龙舌、嵩雾一叶等一批企业品牌创造的效益，占2018年全市茶业产值70%左右的份额。2018年，宁波市出口企业输出茶叶2.64万吨，创汇9 508万美元，两项数值分别比2015年增长14.5%和2.4%。

第三节　主要茶类及加工技术

茶叶采摘后，经过一定工艺加工，制成各种不同的茶类。宁波茶茶类丰富，有供应出口的珠茶、红茶，还有供窨花的烘青，以及各类名优茶，不同的茶类有不同的加工方法。

一、名优绿茶

名优绿茶初制工艺有杀青、揉捻和造型干燥三道工序。初制完成后，经过简单地整理，拣剔茎梗，簸去轻片，割除粉末，即可包装销售。

（一）机制名优绿茶加工技术

主要名优绿茶机制工艺流程具体如下：

以东海龙舌为代表的扁形茶类：青锅—摊凉—辉锅（—回潮—辅炒）。

以余姚瀑布仙茗为代表的针形茶类：杀青—摊凉（—揉捻—初烘)—理条—回潮—整形—提香。

以望海茶、望府茶为代表的条形茶类：杀青—摊凉—揉捻—理条—初烘—摊凉回潮—足烘。

以奉化曲毫为代表的蟠曲茶类：杀青—摊凉—揉捻—初烘—回潮—小锅—大锅—回潮—足烘。

以云雾春为代表的卷曲茶类：杀青—摊凉—初揉—初烘—精揉—足烘。

（二）手制名优绿茶加工技术

1. 手制工艺流程

扁形茶类：杀青—做青—回潮—辉锅。

针形茶类：杀青—整形—回潮—成形。

条形茶类：杀青—揉捻—做条（初烘）—摊凉—足烘—筛分。

蟠曲茶：杀青—摊凉—揉捻—初蟠—精蟠—足烘。

卷曲茶：杀青—摊凉—初揉—初烘—精揉—足烘。

2. 主要手法

抛：五指张开成虎爪，手心向上呈现来回或圆周状运动。抖：四指并列略分，用手腕震动，使茶叶散落指间。理：四指并拢，拇指张开并与掌心垂，操作时四指翘动并随肘运动，使茶叶横排于掌心。搓：直搓时一手五指并紧伸直，另一手四指并拢握叶，依靠手指曲张和掌心来回滚叶；搓团时一手承叶，另一手做回旋运动并靠拇指勾动茶团。抓：五指张开成虎爪，在锅中用四、五指纳叶，呈"S"形或一字形运动，使茶芽在运动中横列于掌心，并由两侧吐叶。摩：用掌心或掌后部分将抓到的茶叶沿锅面来回做圆周摩擦，使茶叶挺直光润。拓：把理直的茶叶垂直覆于锅底后，乘势用掌心按住，并适度用力。压：把理直的茶叶垂直覆于锅度后，乘势用掌心部位使劲按叶。捺：压或拓后的茶叶用并紧的四指向身前部分纳叶。搭：双手或单手伸平，依法拍打茶条。

二、珠　　茶

珠茶外形圆紧、色泽绿润、身骨重实、型如圆珠，汤色绿亮，香高味浓，叶底绿黄亮，亦称圆茶。原产浙江省绍兴府所属绍兴、嵊县、上虞、新昌、余姚、萧山、诸暨7县（市）。由于历来毛茶均集中在绍兴市东南的平水镇加工，所以国际茶叶市场素称"平水珠茶"。其毛茶又叫"平炒青"或"圆炒青"。

（一）珠茶初制

旧时均为茶户个体手工操作，旧时珠茶初制工艺，归纳起来有杀青、揉捻、炒二青、炒小锅（也称炒三青）、炒对锅、炒大锅六道工序。其中除揉捻用手揉脚踏之外，其余五道工序均在灶斜锅中进行，全用手工，效率低下，劳动强度大，操作技术全凭经验，毛茶品质差异很大。20世纪60年代，珠茶炒制机研制成功，炒制过程的炒小锅、炒对锅和炒大锅均可完成，迅速普及到珠茶产区，实现全程机制后50千克干茶用工，由半程机械化制作的6.25工，下降到0.52工。珠茶的初制工艺于20世纪80年代后期以来趋于规范化，分杀青、揉捻、滚二青、炒小锅、炒对锅、炒大锅六道工序，实现了全程炒制机械化。

珠毛茶加工工艺：杀青→揉捻→滚二青→小锅→对锅→大锅→珠毛茶。珠毛茶机械配置包括84双锅或滚筒杀青机、茶叶揉捻机、滚筒二青机、珠茶炒干机等。

（二）珠茶精制

2012年，浙江省地方标准《珠茶 第5部分：精加工技术规程》（DB 33/T 286.5—2012）对精制工艺做了明确技术要求。珠茶精制加工工艺为：分筛→撩筛→轧切→风选→炒车→抖筛→拣剔→匀堆→成品拼配→包装。珠茶精制机械配置包括茶叶风选机、平面圆筛机、往复抖筛机、切茶机、车色机、茶叶拣梗机、匀堆机、茶叶色选机等。珠茶精制工艺，贯彻精工细作的原则，在保证成品符合标准的前提下，各种半成品都提入相应的级别，不走料。

三、条红茶（工夫红茶）加工

条红，即工夫红茶，是我国的传统产品。条红茶具有外形条索紧细、匀称、有锋苗、色泽乌润；香气馥郁、甜香；滋味浓醇带甜；汤色叶底红艳明亮的品质特征。

（一）初制加工

初制工艺流程为：萎凋→揉捻→发酵→烘干。发酵为关键工序，以发酵室发酵为主，要求室温在20 ~ 24℃，湿度为90%以上，叶色呈红，有较浓花香或者苹果香味适度。条红茶常规生产主要选用265型或255型揉捻机和16型或20型全自动烘干机；小规模生产可选用小型揉捻机和烘干机（烘焙机）组合。

（二）精制加工

将初制的红毛茶用平面圆筛机与抖筛机进行筛分，加工成大小粗细基本一致的筛号茶；再用风选机风选，去除碎末片茶；根据需要可用色选机拣梗剔杂，精制成成品茶。

四、烘　　青

烘青是内销绿茶，也是花茶的素坯，宁海县原来也是生产烘青的，现在生产名优绿茶，实质是高档烘青技术的转化利用。烘青品质特点外形条索紧结、匀整，色泽深绿油润；汤色绿、清澈明亮；香气清高；

滋味鲜醇；叶底完整绿明亮。

烘青茶的初制工艺流程为：鲜叶→摊放→杀青→摊凉→揉捻→解块→毛火→摊凉回潮→足火。烘青机械可选各类杀青机、揉捻机、解块机、烘干机等，机型与产量规模要合理配置。

五、茯 砖 茶

进入20世纪80年代，宁海、奉化先后试制茯砖茶，获得成功。国营奉化茶场利用修剪叶，开始批量生产，直至1998年企改终止。宁海砖茶厂在中国农业科学院茶叶研究所、浙江农业大学茶学系、杭州茶叶研究所等单位协助下，所制茯砖茶"金花"着生茂盛，品质完全达到要求，并于1993年10月29日通过宁波市市级鉴定。

第四节　茶叶加工设备

茶叶加工设备主要有摊青（萎凋）、杀青、揉捻、作形、发酵、干燥及精制设备。

立体摊凉架

宁波姚江源机械有限公司生产的80型电磁滚筒杀青机

宁波姚江源机械有限公司生产的组合揉捻机

连续化全自动扁形茶炒制机组

60型双锅曲毫机

浙江川崎茶叶机械有限公司生产的60K-S型精揉机

箱体发酵机

燃油式烘干提香（复烘、足烘）机组

6CHG-601型名茶辉锅机

第六章 ◎ 当代茶政管理

古代茶政管理主要表现在贡茶、征税和榷茶（即官卖）三个方面。民国时期，浙江行政公署和浙江省政府为发展茶叶生产，采取了相应的政策措施，如查禁假茶劣茶、实施茶业改良和一度采取的茶叶统购等。新中国成立后，从组建茶叶产销管理机构和主管部门、研究制定茶叶发展规划，到茶园改造、购销办法等都作了具体研究，采取一系列政策措施，有效推动了茶业的发展。

第一节　计划经济

浙江省人民政府成立后，为扩大茶叶外销，一手抓茶叶改制，一手抓荒芜茶园的垦复。1954年，国家对私营工商业进行社会主义改造，规定私商不得进入茶区采购，不准向省外贩运茶叶，生产者和消费者随身带或邮寄出省的茶叶，限额为1.5千克。1957年3月，农村自由市场开放，但茶叶仍定为统收购和分配货源产品，任何单位和个人不得直接收购和经营，交通运输部门一律拒运。1958年8月，国务院规定茶叶为国家收购的二类农副产品，实行计划收购，由政府指定商业部门（供销社）与产茶单位订立派购合同，茶叶生产单位和茶农按规定派购任务投售茶叶，任何机关团体和个人，都不得直接到生产单位采购，不准自由销售。供销社在集中茶区设立茶叶收购站，专门担负茶叶收购任务。零星产区设立收购点，设专人负责茶叶收购。收购站、点设置由省统一掌握，20世纪60年代逐步下放到地、市，20世纪70年代下放到县。1971年，宁波市设有茶叶收购站32个，收购点68个，年收购干毛茶1 565吨。到20世纪80年代，几乎每个产茶区的基层供销社均经营茶叶收购业务。宁波市设有茶叶收购站129个，其中鄞县18个、余姚22个、奉化19个、慈溪6个、宁海31个、象山23个、北仑8个、镇海1个、江北1个。1980年，实行茶叶确定收购基数，超过基数减税、加价、让利的政策，超计划派购任务部分实行四六开，40%的部分允许生产单位和个人自行销售，60%的部分交售给供销合作社茶叶收购站。1984年6月，国务院批转国家商业部《关于茶叶流通体制改革的报告》，除边销茶继续实行派购外，内、外销茶彻底放开，实行议购议销。1985年，浙江省人民政府发出的《关于调整农副产品购销政策的通知》中指出，"茶叶继续贯彻执行'稳定面积，提高单产，提高质量，适销对路，薄利多销，不断开拓国内外销售市场'的生产和经营方针。茶叶经营部门应根据市场需要与茶农签订购销合同，引导生产，组织收购指导价，以现行标准样的牌价作为中心，根据市场需求状况，上下浮动，换购用的化肥，交给供销社掌握，作为经济手段，在与茶农签订收购合同时挂钩发放"。此后，全省茶叶购销，除出口茶原料外，逐步实行议购议销，组织多渠道流通和开放市场。

第二节　茶叶奖售政策

为解决茶区的茶粮矛盾，1956年浙江省政府决定收购茶叶给茶农优惠供应一定数量的成品粮食。全市共拨茶叶专用化肥1 500吨，茶季制茶补贴粮食1 350多吨。1961年起，国家收购毛茶实行专项奖励，每收购50千克级内茶，奖售化肥62.5千克、粮食12.5千克；级外茶奖售化肥20千克、粮食5千克。1962年，浙江省以担计奖改为以收购金额计奖，每收购100元茶叶，奖售化肥62.5千克、粮食12.5千克。1963年，每收购100元茶叶，增加奖售布票约10米、卷烟20包。规定国营茶（林）场只奖化肥、粮食，不奖布票、卷烟；社员个人所有茶叶，按同标准奖售，化肥在自愿原则下，交给生产队换粮（1千克化肥换1千克成品粮）或计算积肥工分。1964年取消卷烟奖售。1969年取消化肥、布票奖售，必需的生产用布，由市、县在工业生产、劳动保护和其他用布中给予适当解决，化肥由奖售改为分配。1973年，恢复化肥奖售，标准调整为每百元茶款，奖售粮食18.5千克、化肥20千克。国营茶（林）场，只奖售化肥，不奖售粮食；社员个人交售的茶叶，只奖售粮食，应得奖售化肥给生产队而不给个人。1978年取消粮食奖售。1985年，茶叶市场放开，奖售取消。

第三节　发展名优茶生产

1977年提出了要有计划地恢复与发展名茶生产。1979年2月，浙江省特产公司作出了恢复发展名茶生产的安排，余姚仙茗（瀑布茶）列入全省恢复与发展的名茶。从1979年起，由浙江省农业局经济作物处主持，每年或隔年举行一次名茶评比活动。1984年，宁波举行首次名茶评比活动。1987年，宁波茶类结构从比较单一的大宗茶，转向多品类生产，并逐步向"名、特、优、新"发展。1988年，由市财政一次性拨款265万元资金支持后三年名优茶及其名牌建设，并且有关县市必须予以一比一配套，推动茶叶生产内向和外向同步发展。2000年，遵照市政府《加快山区名优茶开发暨统一品牌战略》的精神，全市开展实施创名牌建设，重点对余姚、奉化、宁海等县（市）的15个贫困乡镇扶植名优茶开发，名茶名牌建设重点推出"瀑布仙茗""望海茶"两个品牌。"瀑布仙茗"面积、产量、产值分别比上年增长96%、50%和148.3%；"望海茶"面积、产量、产值分别比上年增长48%、132.7%和147.1%。另外，"东海龙舌""望府银毫"和"奉化曲毫"等名茶均出现产量、产值同步增长的势头，名茶品牌的效应开始显现。2004年，宁波名优茶品牌效应日益显现，30种名优茶获得70%以上的产值。5月19日，由省农业厅和省茶叶产业协会共同主办的首届浙江十大名茶评比揭晓，宁海望海茶被评为浙江十大名茶。2007年8月，全市举办"八大名茶"评比活动，望海茶、印雪牌白茶、奉化曲毫、三山玉叶、瀑布仙茗、望府茶、四明龙尖、天池翠获评宁波"八大名茶"。2009年，宁波市出台《关于促进茶产业发展的实施意见》，稳步提高生产总量，积极扩大市场占有量，努力增加科技含量，不断提升产品质量，逐步加大文化分量，培育龙头企业，扶持专业合作组织，推广标准化生产加工技术，完善质量监管机制，发展茶经济，促进茶文化，壮大茶产业。2011年，宁波市出台《关于切实推进全市茶产业"一牌化"品牌建设工作的意见》，提出打造"明州仙茗"宁波绿茶品牌，推进产业化发展。2015年，市林业局积极推进茶园良种化改造、名优茶连续化加工改造、名优茶机械化采摘示范基地建设和品牌建设为主的茶产业提升。2017年，加快产业融合发展，提升茶园景观效果和体验效果，开展最美茶园创建。2020年，宁波市委、市政府印发《高质量推进"4566"乡村产业振兴行动方案》，将茶叶列为宁波市五大特色优势产业之一，明确提出"加快茶产业'机器换人'和多茶类开发，建设针形茶、条形茶、蟠曲茶、扁形茶四大茶产区，打造彩色茶叶先行示范区和茶叶出口的重要港埠"的要求。

第四节　茶叶市场准入制度

2005年1月1日起，开始对茶叶实施食品质量安全市场准入制度。2006年6月27日，《国家质量监督检验检疫总局关于发布〈茶叶生产许可证审查细则（2006版）〉和部分食品生产许可证审查细则修改单的通知》（国质检食监函〔2006〕462号），明确"实施食品生产许可证管理的茶叶产品包括所有以茶树鲜叶为原料加工制作的绿茶、红茶、乌龙茶、黄茶、白茶、黑茶，及经再加工制成的花茶、袋泡茶、紧压茶，共9类产品，包括边销茶"。茶叶生产许可证有效期为3年。其产品类别编号：1401。

茶叶生产许可的申请、受理、审查、决定及其监督检查，按照国家市场监督管理总局《食品生产许可管理办法》执行。茶叶及相关制品在原《食品生产许可分类目录》中列为第十四类食品，包括茶叶、边销茶、茶制品、调味茶、代用茶五个品种。2020年2月23日，国家市场监督管理总局发布公告（2020年第8号）：根据《食品生产许可管理办法》（国家市场监督管理总局令第24号），对《食品生产许可分类目录》进行修订，自2020年3月1日起施行。茶农对茶鲜叶进行初制加工后形成的毛茶，属于食用农产品，不需要取得许可。宁波获得QS认证的茶企逐步增长，2008年企业13家、产品13种，2009年企业14家、产品14种，2010年企业30家、产品31种，2016年获得QS认证的茶企约150家。

第五节　茶叶管理机构与组织

一、行政机构

新中国成立后，主要由宁波市林业局特产科（处）负责茶叶行政管理工作。2019年1月5日，宁波市农业农村局挂牌成立，内设种植业管理处负责茶叶行政管理工作。

二、技术推广机构

20世纪50年代以来，逐步形成了省、市、县三级组成的茶叶技术推广机构。2019年1月5日，组建宁波市农业农村局。宁波市农业技术推广总站负责宁波茶叶技术推广职能，分别受到同级农林行政主管部门的直接领导，并接受上级有关茶叶技术推广机构业务指导。

主要技术推广机构及相关技术人员

单位名称	主要技术人员
宁波市林业局特产（科）处	魏国梁、王开荣
宁波市林特科技推广中心	王开荣、韩震
宁波市农业技术推广总站	王开荣、韩震
余姚市林业特产局	朱逢秋、陈祖庭、吴渊
余姚市林特技术推广总站	刘尧暄、李明、韩震
宁海县林特局	陈洋珠

单位名称	主要技术人员
宁海县林特技术推广总站	陈洋珠、林伟平
宁海县农业产业化发展中心	姜燕华
宁波市奉化区林特技术服务推广总站	沈祖贻、方乾勇、王礼中
奉化区农业技术服务总站	王礼中
宁波市鄞州区林业技术管理服务站	方中水、庄瑞君、吴颖、赵绮
鄞州区农业技术推广站	赵绮
宁波市海曙区农业技术管理服务站	吴颖
北仑区农林局	高镇宁、李新标、张文标
北仑区农业农村局	张文标
象山县林业特产技术推广总站	项保连、俞茂昌、肖灵亚
象山县农业经济特产技术推广中心	肖灵亚
宁波市江北区农林水利局林特工作总站	傅起升
宁波市江北区农技推广服务总站	王剑
慈溪市林特技术推广中心	徐绍清
镇海区森林病虫防治检疫站	高镇宁、李璐芳
镇海区农业技术推广总站	聂宁

三、社会团体

（一）宁波市茶文化促进会

宁波茶文化促进会成立于2003年8月，以弘扬茶文化、提升茶产业，发展茶经济为宗旨，按照其章程规定，开展各种有益活动，成员有热爱茶文化事业的领导干部，文化名人，科技人员和茶业经营、茶业生产代表人员。会长郭正伟（宁波市委原副书记），创会会长徐杏先

（宁波市委原常委、副市长），副会长兼秘书长胡剑辉（宁波市林业局原局长）。宁波茶文化促进会下属组织现有宁波茶文化书画院、宁波白茶研究会和宁波茶文化博物院。

多年来，宁波茶文化促进会尊重历史，开拓创新，广泛开展茶文化活动，至今已配合宁波市人民政府等主办单位，成功地承办了第一至九届中国宁波国际茶文化节；广邀海内外茶文化专家学者开展宁波茶文化的发掘研究，确立"海上茶路"启航地地位；编辑出版了弘扬宁波茶文化历史的书籍《"海上茶路·甬为茶港"研究文集》《四明茶韵》《中华茶文化少儿读本》等，每年还出版《茶韵》《海上茶路》等期刊，倡导"茶为国饮"，为弘扬茶文化，发展茶经济，推动茶产业发展积极工作。

（二）宁波市茶叶流通协会

宁波市茶叶流通协会在原"宁波茶文化促进会茶叶流通专业委员会"基础上，以宁波供销集团公司、宁波供销二号桥市场有限公司、宁波金钟茶城、宁波市绿洲茶庄为发起人单位，2016年3月4日经宁波市民政局批发成立许可，于2016年5月30日召开成立大会。现任会长钱钢，首任会长楼承渝，副会长兼秘书长宋光华。协会发挥组织、协调、自律、服务功能，有效开展工作，发展茶经济、开拓茶市场、弘扬茶文化，引导茶消费，维护会员合法权益，服务宁波茶产业发展，依法依规开展各项活动，首届协会会员181名。

2017年11月召开了宁波市茶叶流通协会第一届第三次理事会议，协会的会长、副会长、秘书长、副秘书长全部由企业会员单位的代表担任，现有协会会员206名，分设宁波市茶叶流通协会茶馆联合会，市农合联余姚、奉化、鄞州、海曙、北仑、象山茶叶分会，并按照宁波茶叶流通协会管理的要求和工作部署积极开展工作。

（三）宁波市茶叶学会

宁波市茶叶学会于1982年12月28日成立，首届学会会员共43人，选举产生9人组成第一届理事会，魏国梁任理事长，刘生海、陈全建任副理事长，方中水任秘书长。1984年1月7日，第二次茶叶学会代表大会召开，到会代表共39人，选举产生10人组成第二届理事会，魏国梁任理事长，史志桢、楼承渝任副理事长，方中水任秘书长，徐梦渔、张方毅任副秘书长。1987年12月10日，第三次学会代表大会召开，到会代表57人，选举产生11人组成第三届理事会，魏国梁任理事长，孟志荣、陈全健任副理事长，方中水任秘书长，徐梦渔、张方毅任副秘书长。2002年12月，宁波市茶叶学会并入宁波市林业园艺学会。

（四）余姚茶文化促进会

余姚市茶文化促进会成立于2007年6月，现任会长胡青，首任会长叶沛芳，副会长兼秘书长朱宝康。促进会积极开展茶文化研究，承办中国绿茶探源暨余姚瀑布仙茗研讨会，在瀑布仙茗原产地的遗址上设立"瀑布泉岭古茶碑"，出版《影响中国茶文化史的瀑布仙茗》，余姚市获得"中国茶文化之乡"称号，余姚瀑布仙茗获得"中华文化名茶"称号，树立了余姚茶文化的历史地位，为宁波乃至中国的茶文化建设留下了浓厚的色彩，通过组织摄影比赛、专题讲座、资料编印、文化旅游等形式，编印《科学饮茶》《图说中国茶文化》等书刊，推进茶文化知识的普及和推广。

（五）余姚市余姚瀑布仙茗协会

余姚市余姚瀑布仙茗协会成立于1999年1月，现任会长蒋丽萍，秘书长张龙杰。作为"余姚瀑布仙茗"商标的注册单位，负责区域公共品牌的宣传推广和管理服务等工作，拥有会员单位46家。近年，协会以品牌为抓手，通过质量与服务中心严控产品质量，提升品牌知名度，推进余姚茶产业的发展。

（六）宁海茶产业和文化促进会

宁海茶产业和文化促进会在宁海县茶文化促进会和宁海县茶叶协会基础上组建成立，现任会长林志来，副会长兼秘书长田启仲。宁海县茶文化促进会成立于2011年4月，首任会长杨加和。

促进会以"弘扬茶文化，提升茶品位；促进茶产业，服务众茶人"为宗旨，每年推出一批有质量的调研报告，如《宁海茶产业转型升级的思考与建议》《宁海茶叶路在何方》等，为县委、县政府宏观决策、宁海茶产业"十三五"发展规划的制定发挥参谋作用，出版会刊《宁海茗园》，推进茶文化进社区、进企业、进学校、进机关活动，普及茶知识，营造茶氛围，培育新茶人。

（七）宁波市海曙区茶文化促进会

海曙区茶文化促进会成立于2019年5月，由区内关心茶文化发展的党政机关、事业单位、社会团体、企业法人和自然人自愿组成的联合性、地方性、非营利性的社会组织，现任会长刘良飞，秘书长黄伟。促进会以弘扬茶文化、促进茶产业、提升茶品牌为宗旨，推进海曙区茶产业的发展。

近年，促进会积极开展甬城民间斗茶大赛、国际饮茶日等茶事活动，对企事业、学校、社区进行了"五进"推广活动，收到了很好的效果，得到了社会的肯定。

（八）宁波市鄞州区茶文化促进会

鄞州区茶文化促进会成立于2021年6月9日，区政协党组成员戴嘉敏当选会长，副会长兼秘书长陆立平。促进会致力于"做强产业、做优品牌、弘扬文化、促进创新"，协力提升鄞州区茶文化水平。

促进会成立后，积极发挥引领作用，充分利用信息、市场、人才等优势，团结和带动会员单位，进一步提升鄞州茶叶质量和知名度，吸引更多爱好者参与到茶文化体验和普及中，加强对茶文化研究和推广，促进茶产业的发展。

（九）宁波市奉化区茶文化促进会

奉化区茶文化促进会成立于 2011 年 4 月 29 日，是由奉化区内外关心茶文化发展的社会团体、企业法人和自然人自愿组成的非营利联合性的社会团体，现任会长韩仁建，副会长兼秘书长方乾勇。

促进会的具体职责和业务范围是：挖掘茶文化历史内涵，培育具有奉化特色的茶文化，以文化提升茶产业，促进茶业经济可持续发展；广泛开展茶与文化、茶与艺术、茶与宗教、茶与人文、茶与旅游、茶与风情、茶与健康、茶与生活的宣传活动；加强国内外茶文化的交流与合作，不断提高奉化茶叶的知名度和可信度；协助政府及有关部门，提供茶业中长期发展规划的建议，组织和参与重大茶文化活动，积极反映茶农与茶业经营者的合理化建议等；承担政府和其他组织委托的事项；协调管理茶叶产业与品牌拓展。

（十）宁波市北仑区茶文化促进会

北仑区茶文化促进会成立于 2012 年 10 月，由区内外关心茶文化发展的企事业单位、社会团体、企业法人和自然人自愿组成的非营利联合性社会组织，现任会长颜力，秘书长朱伟明。

近几年，北仑茶文化促进会依靠广大会员，以"弘扬茶文化、提升茶文化、发展茶经济、服务众茶人"为主旨，不断加大宣传力度，刊印《北仑茶韵》，出版《北仑奉茶》，大力倡导"茶为国饮"，积极开展各项活动，得到了有关社区、学校和企业的欢迎和支持。

（十一）象山茶文化促进会

象山茶文化促进会成立于 2012 年 5 月，现任会长金红旗，副会长兼秘书长周善彪，在弘扬"本土"茶文化、推广县域名茶、繁荣茶经济上为象山县"文化兴茶、科技兴农"作出了积极贡献。

2013年以来，促进会已举办评比大赛四届，同时组织有关茶企积极参加"中绿杯""中茶杯""华茗杯""浙茶杯""明州仙茗杯"、宁波市红茶质量评比等活动，创办《象山茶苑》，开展茶文化进学校、进社区、进企业、进家庭"四进"活动，开展茶文化与茶健康知识讲座。

（十二）慈溪市茶业文化促进会

慈溪市茶业文化促进会成立于2012年10月，由茶产业人士、茶文化研究人士、茶微博微信网络人士共同自愿组成了一个社会民间团体，现任会长黄柏寿，秘书长邹晋。促进会"以茶产业为基础，以茶文化为重点，以茶微博微信为平台"，力求构筑一个"饮茶与健康"的知识传播中心，茶业发展的推广中心，茶业与青瓷文化的研究中心，"微茶楼"爱好者的活动中心。

第七章◎

茶叶国内外贸易

第一节 古代茶叶贸易

唐代，茶叶的消费需求日益扩大，唐初的慈溪人虞世南在其《北堂书钞》卷一百四十四的《茶篇》中就提到茶叶能"调神和内，倦解慵除""益思不卧，轻身明目"。《旧唐书》卷一百七十三《李玉传》载："茶为食物，无异米盐，于人所资，远近同俗。"明州的不少学人精于饮茶之道，还对茶的功能有所记述。四明人陈藏器在他的《本草拾遗》中说茶能"止渴除痰""利水明目"，明州的饮茶之风渐广，这就需要更多的茶叶。

宋代茶叶基本实行榷茶制，即茶叶官营。北宋舒亶直是慈溪人，有诗"雨前茶更好，半属贾船收"，描述了雨前茶是商人喜欢收购的高品质茶。宝元元年（1038），明州商人陈亮和台州商人陈维绩等147人去高丽经营贸易。其后到北宋末年的55年中，明州商人航行到高丽经商有120多次，每次少则几十人，多则百余人。明州与高丽的贸易货物有瓷器、铜器等手工业品，也有茶叶等农产品。北宋使团去高丽开城进行贸易，"聚为大市，罗列百货"，茶叶是明州出口的大宗货物。元代，茶的生产由官府经营、专卖。茶商缴纳钱钞后，从茶司领取凭证购茶，并换取茶引，到各地售卖。明初，实行严厉的"禁茶"政策，中期实行"开中商茶"制度，商人资本在茶业中越来越占有支配地位，民间商人茶叶经营活动兴盛。宁波港与广州、泉州并称三大港，设置市舶司、市舶库、宾馆、码头等完整的对外贸易、交往机构，成为当时茶叶、茶具、丝绸等大宗货物出海港，使茶叶输出量大幅增加。清前中期茶的生产已经普遍具有商品性质，且有较高的制茶技术。黄宗羲《制新茶》中写道："檐溜松风方扫尽，轻阴正是采茶天。相邀直上孤峰顶，出市俱争谷雨前。"表明四明的茶叶已作为商品上市。康熙《绍兴府志》载："牙家云：'越'中所贩茶，每岁盖计三万金也，其上虞后山茶、余姚四明茶，惟郡人知之，他地解行。"从府志所载可以看到余姚的四明茶作为商品上市，由牙行收购，贩至各地。慈溪大隐（今属余姚）山产茶，茶农采茶后经加工，香色俱佳，到外地出售。晚清，宁波府所属的鄞县、慈溪、奉化、象山、镇海都产茶，作为货物销售。戈鲲化的《续甬上竹枝词》写道："在城女罕识蚕桑，家境萧条苦倍尝。谷雨早过梅雨至，相逢都说拣茶忙。"戈鲲化还作注说："自海国通商，贸茶者众，妇女每以拣茶资生计。"茶叶显然成为宁波的重要出口商品。

通过宁波口岸出口的茶叶，尤其是绿茶，有全国茶叶出口半壁江山之称。清道光二十二年（1842），英国迫使清政府签订了《南京条约》，宁波被列为五口通商口岸之一，当年就有珠茶出口。清咸丰十一年（1861），第二次鸦片战争结束后，直到清光绪二十年（1894）甲午战争后，34年间，宁波口岸的茶叶出口有了较大的发展。清同治三年（1864）茶叶出口达3 568吨。清同治十三年上升到9 556吨。也就是这一年，因茶色泽有问题，受到英国检验部门的非议，宁波口岸的绿茶出口增长势头开始减缓。清光绪十年（1884）宁波口岸出口9 495吨，清光绪二十年出口9 789吨。从清咸丰十一年第二次鸦片战争开始至清同治十一年（1872）年的12年间，宁波口岸的茶叶出口，主要是绿茶的出口，是快速增长的。自清同治十二年（1873）至清光绪二十年（1894），宁波口岸的茶叶出口虽有一定下降，但大多保持8 000～10 000吨。

制茶业成为宁波的新产业，仅镇海柴桥茶市，盛时销售额可达20万～30万缗，估计当时烘茶、拣茶的男女工人约9 540人。清光绪三年（1877）宁波本地茶叶上市之际，一位广州商人在宁波办起两家烤茶作坊，制成茶叶3 795担，远销国外。惠达在《光绪三年浙海关贸易报告》中就有记载。他在茶叶出口中提道："1877年之出口数仅达1876

年之半，此类茶之产地在宁波东面一地名曰'天童'，毗邻'柴桥'和'寒林'（应为韩岭），这种茶运往上海和日本。"

1861—1894年宁波茶叶出口数量

单位：吨

年份	出口量	年份	出口量
1861	3 145	1878	6 532
1862	—	1879	7 932
1863	2 177	1880	9 253
1864	3 568	1881	9 858
1865	4 355	1882	8 649
1866	6 229	1883	7 681
1867	7 016	1884	9 495
1868	7 560	1885	10 161
1869	8 891	1886	9 012
1870	8 951	1887	8 104
1871	9 919	1888	9 495
1872	11 007	1889	9 556
1873	9 495	1890	9 253
1874	9 556	1891	9 616
1875	7 802	1892	9 858
1876	7 620	1893	11 128
1877	8 951	1894	9 798

资料来源：摘自陈慈玉《近代中国茶业的发展与世界市场》。

第二节　近代与民国时期茶叶贸易

一、国内贸易

旧时宁波有"周恒升""周成泰""王日茂"等茶叶铺50多家，安徽会馆（今苍水街东段，古称茶场庙）内设茶叶市场，每日有市。茶叶铺分徽、本两帮，徽帮多是茶、漆兼营，本帮多专营。招牌多请书法名家书写，如"武进唐驼""天台山了农"，都贴金挂在店中。店堂内放满了装有云雾、龙井、珠兰、梅片、祁门等茶叶的锡瓶。专做拆兑的茶行、茶场、茶栈，则分布在江东、江北，他们用大木箱装茶，满船运销海外。

那时的城区有茶馆、茶坊近百家，最大的是咸塘街的"颐园"和大梁街的"颐园"。这两家各有三楼四厅十八间，茶博士肩披洁白抹布，手拎黄铜长嘴大茶壶，穿梭来回冲茶，每天约烧茶五六百壶，茶馆还供应四时八节的酥烧、春卷、粉糕等茶食果子等，全市茶楼每天需用茶叶一二十担。

二、国外贸易

从甲午战争结束后清光绪二十一年（1895）开始，直至辛亥革命推翻清王朝的1911年，16年间，中国茶叶出口总体滑坡，宁波口岸的茶叶出口也随之减少。清光绪二十一年和光绪二十二年每年茶叶出口在1万吨以上，清光绪二十三年（1897）开始，宁波茶叶出口还不到5 000吨，以后最高也仅达7 000吨。

1985—1911年宁波茶叶出口数量

单位：吨

年份	出口量	年份	出口量
1895	11 491	1904	5 927
1896	10 765	1905	5 322
1897	4 536	1906	5 080
1898	3 266	1907	6 471
1899	4 778	1908	6 471
1900	4 173	1909	6 048
1901	3 629	1910	6 834
1902	5 685	1911	7 016
1903	6 955		

资料来源：摘自陈慈玉《近代中国茶业的发展与世界市场》。

宁波在民国期间茶叶出口频繁，据《中国实业志》载：民国十一年至二十年（1922—1931），从宁波港出口的茶叶共计48 426.35吨，占杭州、宁波、温州出口茶叶总量的33.4%，换汇白银3 688.81万关两。民国十七年（1928）为出口较多的年份，出口茶叶6 415吨，外汇白银481.96万关两，其中小珠绿茶4 409吨，外汇白银418.9万关两，分别占出口总量的68.7%和86.9%，是当年收汇百万关两白银以上三大（棉花、棉纱、茶叶）出口产品之一。《浙海关贸易报告》记载，甘福履在《民国10年宁波口华洋贸易情形论略》中写道："平水茶前存上海甚多，嗣因美国需用颇大，故存货均行销脱，茶商因频年受损，本年新茶出产繁盛，均喜形于色，宁波茶价通扯每担约值18两，闻得上海售价每担26两至30两不等。本年出口茶叶计共有84 581担，较诸上年出口数目加至10 391担。"威立师的《民国14年宁波口华洋贸易统计报告书》载："本境之平水茶本年收成最优，其市价每担为上海规元银36～41两，于6月2日曾有第一批装运出口，绿茶及未经烘烤之生茶，本年出口之巨，均为前所未有，惟茶末之销路稍为跌落耳。"

宁波茶叶外销数量不少，占宁波土货出口总值的20%还多。这里节录民国十五年至民国二十年（1926—1931）的出口茶叶数量。宁波出口的茶叶，除1931年所占比重为18%外，一般为20%以上，其中1929年超过了28%。尽管出口的茶叶中一部分来自浙东及邻近地区，但主要还是宁波本地的茶叶，这充分表明，宁波茶叶已经成为宁波出口的重要商品。

1926—1931年宁波茶叶出口

年份	数量（担）	金额（海关两）	比重（%）	年份	数量（担）	金额（海关两）	比重（%）
1926	120 507	3 262 097	20.0	1929	122 724	4 683 817	28.3
1927	95 603	4 018 123	21.6	1930	114 272	3 633 526	22.1
1928	111 635	4 609 492	28.0	1931	95 359	2 386 172	18.0

资料来源：根据《1926—1931年棉花及茶叶出口量》整理而成，《宁波市志》中卷，第1 545页，中华书局1996年版。

宁波出口茶叶主要是平水茶、绿茶和毛茶。上述茶叶几乎每年都有出口，从民国十五年至二十二年（1926—1933）宁波出口茶叶中就可知道。当然，宁波也有少量红茶出口，民国十七年（1928），宁波就有28担红茶出口。

1926—1933年宁波茶叶出口品种

单位：担

品名 \ 年份	1926	1927	1928	1929	1930	1931	1932	1933
平水茶	112 574	85 840	97 992	88 189	89 716	77 973	77 973	795 001
绿茶	1 354	1 097	1 299	3 400	1 207	967		
毛茶、茶梗	6 579	8 666	12 319	31 145	23 394	16 419		

资料来源：根据《1926至1933年宁波港主要出口（输出）土货数量比较表》整理，《鄞县志》下卷，第1 818～1 819页，中华书局1996年版。

镇海县主产绿茶，且产少量红茶，主产区是柴桥（今属宁波市北仑区）、大碶（今属宁波市北仑区），产品由柴桥茶行收购后，通过宁波销往上海等地，民国二十二年（1933）外销茶叶154吨，约值15.2万元。据民国《慈溪县新志稿》记载，民国三十六年（1947），慈溪县出口茶叶价值25 700元。

三、茶叶运销合作社

民国二十一年（1932），四明山茶农为了摆脱茶栈、茶号、茶贩子的剥削，"自产自制、自运自销、盈亏自负"的"余姚茶叶运销合作社"成立，余姚天一茶厂老板陈一鸥为主要发起人之一，当时实力比较雄厚的余姚晓云乡岩头村褚奎新、褚宝新兄弟把在大皎开设的新新茶栈也让给合作社。

合作社组建仅限于余姚县境，大部分茶农仍在合作社外观望，加之开业仓促，存在一系列困难和矛盾：①外茶商向入股社员抬价暗收，收好留次，造成复制业务计划难以完成和产品质量不佳。②虽在上海设立办事处，但缺少人员和设施，更受出口同行的倾轧，因为没有公会登记证，不能向"洋行"直接送样成交，业务很难拓展。③入股、分红按茶农担额计算，富裕户与困难户矛盾突出，以大吃小，互相兼并。最后由少数人操纵收益，多数茶农得不到实惠。由于上述种种原因，年终结算时，大批社员退股，主持人也丧失信心，支撑1年的余姚茶叶运销合作社宣告解散。

四、毛茶收购价格

民国九年（1920），茶商为牟取暴利，采用20两为0.5千克的司码秤（即重量打八折），九五圆账的佣金（即100元茶价，茶农只得95元），搭小洋三成的茶款计算法（即茶农茶款95元，再九五折，实际茶款只有90.25元），还有取茶样、除皮重等克扣盘剥。民国十年（1921），经茶农请愿，毁司码秤，改用市秤（16两为0.5千克），同时取消搭小洋三成的结算办法。民国二十四年（1935），茶商勾结茶栈，茶价从每担50元左右，压至13.63元。抗日战争时期，斤茶换不到斤米。当时四明山茶区流传一首歌谣："斤茶兑斤米，不兑饿肚皮，兑兑出眼泪。"

第三节　新中国成立后茶叶贸易

新中国成立后，宁波茶叶贸易开始振兴。在茶叶供不应求的年代，遵循"发展生产、保证供给"的总方针，在茶叶收购上，从20世纪50年代初期的国家和私营企业联购，过渡到50年代中后期的国家统一收购，到六七十年代调整为派购，80年代允许多渠道收购，90年代逐步放开经营。在茶叶销售上，20世纪80年代以前，采取多种限购措施和分配办法，80年代中后期开始，茶叶购销从计划经济体制转向市场经济体制。

一、茶叶内销

1950年，国家为争取外汇，将茶叶列为主要出口商品，提出"内销服从外销"。1955年4月，全国茶叶会议的报告中提出："销售上内销服从外销的原则下，采取积极扩大外销，有计划地保证边销，适当安排内销的政策。"到1958年后的"大跃进"时期，国家在经济政策上出现偏差，使茶叶生产跌入低谷。1960年，商业部根据当时生产情况，采取"保证供应出口，保证边销，保证外事礼茶及特殊需要，剩余安排内销"。

1960年下半年，党中央、国务院提出了"调整、巩固、充实、提高"八字方针，经过5年努力，茶叶生产得到恢复和发展，供求状况开始好转。

1970年，按照商业部商品分级管理办法，茶叶销售计划在保证完成中央下达的收购、省际调拨和供应出口的计划前提下，由各省安排核定。随着生产的发展、货源的增加，市内茶叶供应状况逐步改善，开始稳步上升。进入20世纪80年代，茶叶产销形势发生变化，市场供应渐趋缓和。1983年出现"卖茶难"后，开始恢复传统名茶的生产和供应。1984年6月，国务院批转商业部《关于茶叶流通体制改革的报告》，除边销茶继续实行派购外，内、外销茶彻底放开，实行议购议销。

1985年，茶叶内贸购销进入议购议销，多渠道流通。1985—1992年，茶叶内贸、外贸是市场与计划双轨并行。1993年起，省政府不再下达指令性或者指导性计划，茶叶购销全面放开，茶叶产销从以外贸出口为主导转移到以满足国内市场需求为主。茶叶产销由计划经济时的产品计划调、分配供应，回归按经济区域流通的市场之中。

现阶段，茶叶销售的主要方式可分为：茶叶市场（茶城）、茶行（零售店）、茶场直销、网络营销（网店、直播带货等）等形式。宁波大概有3 000家茶馆、茶叶专卖店，每年都会有不少商家关门，又有新的开起来，茶叶消费市场在不断扩大，消费需要也在不断提升。奉化曲毫茶书院开设店铺7家，已经开始走上品牌连锁模式。望海茶、余姚瀑布仙茗等开始在天猫等知名网购平台上销售产品，各区县也开始了不同模式的直播带货探索。作为传统销售方式茶场直销依然是很多茶企的销售方式。2019年，随着三家大型茶城开业，宁波城区拥有了金钟茶城、天茂36茶院、嵩江茶城、宁波二号桥市场等6家一定规模的茶叶批发零售市场。

二、茶叶外贸

宁波作为"海上茶路"启航地，自史籍最早记载的805年中国向日本输出茶叶、茶籽以后，历时1 200余年，一直为中国茶叶、茶具出口主要港口。当代宁波港仍为全国茶叶出口主要港口，作为国际集装箱主要口岸，不仅苏、浙、皖、赣等省茶叶从宁波口岸出口，远在西部的陕西茶叶，也从宁波口岸出口。

宁波市以生产珠茶为主，是其主要创汇产品，1988年以前，全部调供上海口岸公司出口。1987年6月，浙江省政府同意宁波市计划单列，对外经济贸易委员会开启了宁波茶叶自营出口之路，1988年就有茶叶出口。短时间茶叶外贸迅速发展。2004年，宁波茶叶的出口已达33 659吨，占全国出口总量的12%，已是全国茶叶出口大市，其出口量、金额在所有省市中均排名第二。1988年宁波市自营出口时只有珠茶一个品种，销往摩洛哥等6个国家，到2006年，除珠茶外，还有眉茶、红茶、蒸青茶、花茶、袋泡茶、玄米茶、乌龙茶等众多品种，销往非洲、中东、欧洲、北美等地区的50余个国家。2006年，宁波市获得有效卫生注册证书的出口茶厂11家，省级农业龙头企业1家，市级农业龙头企业5家，县级农业龙头企业5家，其中6家企业已有固定的出口原料基地，共有茶园3万余亩，另外5家企业也有自己固定的供货商。

1973—1990年几个年份出口茶叶收购数量

年份	1973	1978	1980	1985	1987	1990
收购量（吨）	56	123.28	567	2 171	4 952	10 083

宁波市茶叶外贸出口单位分茶类实绩

单位：吨、万美元

茶类	1988年		1989年		1990年		1991年		1992年		1993年	
	数量	金额	数量	金额	数量	金额	数量	金额	数量	金额	数量	金额
茶叶	1 361	360	2 105	586	2 170	573	4 083	1 102	4 435	1 174	3 966	925
绿茶	1 361	360	2 105	586	2 170	573	4 083	1 102	4 435	1 174	3 966	925

茶类	1988年		1989年		1990年		1991年		1992年		1993年	
	数量	金额	数量	金额	数量	金额	数量	金额	数量	金额	数量	金额
珠茶	1 361	360	2 035	570	2 170	573	4 083	1 102	4 434	1 173	3 962	924
其他绿茶			70	16					1	1	4	1

　　2017年，出口茶叶数据显示，宁波口岸茶叶出口平均单价为每吨3 491美元，同比上升49.5%；从出口品种看，以绿茶为主，向"一带一路"沿线国家出口绿茶4 584.2吨、1 123.9万美元，同比分别增长18.8%和25.7%；还首次向"一带一路"沿线国家出口红茶150吨，金额为520万美元，均价每吨为34 667.3美元。2018年，宁波茶叶出口2.67万吨、9 711.9万美元，同比分别增长1.7%、9.1%，为2014年以来出口最佳年份。2019年1—2月，宁波茶叶出口3 437吨、1 263万美元，并连续3年实现农残问题零退运、零通报。

第八章 ◎ 茶叶科技与标准

第一节　科技成果

1953年，余姚白鹿乡陈茂强生产互助组创造手摇杀青机，工效比手工提高4倍。初制毛茶开始从手工操作逐步发展为半机械、机械化制茶。

1975年起，宁波地区林业局在鄞县、奉化、余姚、宁海、象山等地推广"茶叶矮化、密植、速生栽培技术"。选用高光效生态型品种，采用适宜密度、高度和种植方式，运用综合的栽培管理技术，形成从幼年期到成年期都较为合理的群体结构，实现速生、高产、优质。宁海前童乡上店村试种密植茶园6.5亩，第3年亩产干茶219千克，第4年360.5千克，第5年452.5千克，第6年达到474千克，实现"一年栽种，二年培育，三年亩产超双百，四年五年夺高产"。1982年获农牧渔业部科技成果推广二等奖，至1987年密植速生茶园发展到3.3万亩。

20世纪80年代，推广以施肥、喷、灌、剪、采、养相结合，病虫优化防治，名优茶和大宗茶优化组合等综合丰产模式栽培与加工等技术，4.3万亩茶园年平均亩产达176千克，新增茶叶1 449.9吨。

1978年始，市、县（市、区）林业主管部门进行名茶调查、挖掘和试制。1984—1988年，余姚瀑布仙若、四明十二雷、宁海赤峰茶、象山珠山茶等历史名茶相继恢复。新创制的宁海望海茶、第一尖、望府银毫，象山蓬莱香茗、黄皮岙龙井，鄞县东海龙舌，奉化武岭茶、小蟠龙，北仑太白龙井等地方名茶10余种。

1989年，宁波市林业局、鄞县林业局完成"茶叶大面积亩产150千克以上模式化栽培技术"，该技术能使茶叶大面积亩产150千克以上。技术上采取"优化、配套、适用"措施：采取优化配方、平衡施肥；剪、采、养科学结合，培养丰产型树冠；茶园喷灌；茶树病虫综合治理；实行多茶类、精初制组合加工制茶、节省能源节省工时等技术。上述技术已在4.3万亩茶园应用，并取得明显的社会效益和经济效益。1988—1989年，4.3万亩茶园平均亩产达175千克，比日本单产144千克增产21.6%，比江苏、安徽农垦和浙江省绍兴县分别增产118.7%、11.3%和10.1%。1988—1989年两年总产比1987年增加1 449.9吨，增加产值1 544.63万元；新增税收509.73万元，创汇213.14万元。

2003年，宁波市林业局、宁海县农林局林特总站、奉化市茶业协会等完成"茶树季周期栽培技术研究与应用"成果，主要成果特点如下：①根据优质、高效茶业发展要求和茶树生育周期理论，首次进行了茶树季周期栽培技术研究与应用；②研究并阐明了茶树新梢同步萌展的生物学规律，提出了茶树季节生长周期的新梢同步萌展特性的新见解，采取树冠培养与产出同步进行的相关技术，对于加快树冠形成，提高前期效益，具有一定的学术价值和现实指导意义；③提出了以高效为栽培目标的立体采摘茶园新模式，阐明了相关生态特征和技术方法，提出相关指标和技术要素，丰富茶树栽培技术内容。该技术在宁波市茶叶生产上累计应用112 980亩次，共增产累计3 298吨，新增产值20 714万元。据调查，达到"头年种，第二年亩产值4 100元，第三年亩产值近万元"，为茶业增效、茶农增收提供了样板。

2004年，宁波望海茶业发展有限公司、宁波市林特中心等单位开展"白茶新优品系选育及产品开发"科技项目，发掘、收集10多个白化茶种质新资源，从分子生物学、酶学与生化学等方面研究白化茶白化机理，发现光照敏感型及光温不敏型白化茶类型2个，建立全国唯一的白化茶种质资源库，提出白化茶树资源分类方法；在NCBI Genebank登陆新基因序列4个；编制《宁波白茶》地方标准，获得国家发明专利等14项自主知识产权，研究总体水平达到国内领先水平。建立全市白茶生产基地12 380亩，累计创造产值1.04亿元，2007年获省科技兴林二等奖和市科技进步二等奖。

2006年，宁波市林特科技推广中心等单位开展"茶叶生产质量安全信息管理系统研制与应用"，通过科研与成果转化的同时，建立覆盖全市所有茶园的产地编码体系和监控体系，实现宁波茶叶的源头追溯和生产管理，成为国内地市级行政区域全面推行质量和产业信息化管理的茶区。据评估，该项目技术应用的贡献率为：名优茶达到10%（2007年）和20%（2008年、2009年）、出口茶15%；由此产生的经济效益包括新增产量（出口量）3 190吨，新增产值14 299万元，新增利税5 425万元，新增创汇1 302万美元。

2008年，宁波市林特科技推广中心完成"白化茶种质资源系统研究与新品种产业化开发"科技成果登记，该项目从1998年开始，获得了珍稀白化茶种质资源收集、分类、白化机理分析等基础研究成果，获得20多份变异茶树种质，建立了专门的种质资源库和繁育基地；育成具有白色系、黄色系叶色的3个珍稀新品种，开发了宁波白茶、黄金韵两个特色茶叶品牌，并创新建立了栽培、加工、品质评定等产业化关键技术；新品种推广到宁波市和江苏、浙江、上海等地的园林和茶区，效益上亿元。项目共获得知识产权10多项。该项目开辟了茶树珍稀资源发展的新途径，研究内容、新品种和产业关键技术占领产业发展前端，应用前景十分广阔：①该项目取得的白化茶资源系统开发与研究成果，为拓宽茶树种质资源开发提供了理论依据；②该项目育成的低温敏感型白色系品种——千年雪、四明雪芽和光照敏感型黄色系品种——黄金芽为产业发展提供了珍稀品种，尤其是叶色四季黄色、三季可采优质名优茶的黄金芽是提升夏秋茶品质的优质资源，并且开创了茶树资源在园林上应用的先河，对于茶产业、园林绿化具有重要意义；③该项目获得的栽培、加工、品质等关键创新技术为建

宁波市科学技术进步奖二等奖证书

立白化茶高品质、高效益茶产业提供了技术支撑；④该项目现推广的万亩白化茶产业基地可为加快白化茶产业发展提供示范。该项目获宁波市科学技术进步奖二等奖。

2009年，宁海县望府茶业有限公司承担"名优茶产业提质关键技术和清洁化生产试验及示范"。该项目通过有机茶清洁化生产线的建立，有效带动和消纳当地农民和周边茶叶生产，提高茶农生产茶叶的经济效益。

2010年6月，宁波市农业择优委托项目"全季型黄色系珍稀茶树新品种开发与产业化关键技术研究"正式立项，余姚市瀑布仙茗绿化有限公司与宁波黄金韵茶业科技有限公司、浙江大学茶叶研究所等单位经过3年多时间的努力，开发出13个黄金芽家系为主的全季型黄色茶种质资源并完成了初步性状鉴定；以黄金芽、御金香等为样本，取得了光照敏感型白化茶遗传与生理机理研究成果，从分子学层面揭示了10个基因序列并登录美国NIH遗传序列数据库GenBank；育成的御金香等3个全季型黄色系白化茶新品种获得国际新品种证书；光照敏感型白化茶的快速育苗、适栽、适制及优化调控技术、园林应用技术等研究取得重大突破，申请发明专利1项，开发出具有一定品牌知名度的新产品2个，注册商标1个，公开发表论文5篇。项目实施期间，累计繁育新品种茶苗1 621万株，辐射推广5 000余亩，新增产值4 942万元，经济、社会、生态效益显著。2014年1月，来自浙江省农业厅、中华供销合作总社茶叶研究院等权威部门组成的专家组对这一技术项目给予了高度评价，认为该项目首次开展了黄金芽家系种质资源开发、基因测序、新品种选育、茶花利用等研究，整体研究水平国际领先。

2019年，宁波市农业科技攻关项目"白化茶早生高氨新品种选育与产业化关键技术研究"通过中国农科院茶叶研究所、南京农业大学等单位专家的验收。这项成果最大的亮点是育成了特早生、高氨基酸含量的黄色茶树新品种——"黄金甲"。"黄金甲"是以黄金芽为母本创制的新种质，2014年该品种研究获宁波市农业攻关项目支持，之后获得国家林业植物新品种证书，成为一个拥有自主知识产权保护的茶树新品种，是目前所有黄色、白色白化茶品种中物候期最早的品种。经中国农科院茶叶研究所、浙江大学两大机构检测，"黄金甲"春茶氨基酸含量最高为9.4%，是目前白化茶系列中氨基酸含量极高且稳定的品种。2019年年初，浙江省茶叶学会邀请中国茶叶研究所、南京农业大学等单位专家对该项目进行鉴定，科技成果评价达到国际领先水平。

第二节　科技成果奖励

一、林业部（农业部）科技成果奖励

年份	成果名称	完成主要单位和主要人	奖励等级
1982	茶叶矮化、密植、速生栽培技术推广	地区林业局、地区特产公司及鄞县、奉化、余姚、宁海、象山各县林特局	二等奖
1984	机械制茶的推广	省农业厅经作局茶叶科、宁波市各县（市、区）林业、林特、农林局	二等奖

二、浙江省人民政府科技进步奖

年份	成果名称	完成主要单位和主要人	奖励等级
1994	茶叶生产快速高效综合技术应用于推广	宁波市林业局特产处、北仑区特产技术推广站、宁海县林业特产技术推广站、象山县林业特产技术推广站 魏国梁、王开荣、高振宁、陈洋珠、项保连	优秀奖

年份	成果名称	完成主要单位和主要人	奖励等级
2008	白化茶种质资源系统研究与新品种产业开发	宁波市林特科技推广中心、宁波望海茶业发展有限公司、余姚市德氏家茶场、余姚市林特技术推广总站、浙江大学茶叶研究所、奉化市雪窦山名茶产销合作社 王开荣、林伟平、方乾勇、李明、梁月荣、俞茂昌、秦岭、张完林、张龙杰、韩震	三等奖

三、宁波市人民政府（地区行政公署）科技成果奖

年份	成果名称	完成主要单位和主要人	奖励等级
1985—1986	试论宁波茶叶的发展方向	宁波市林业局 魏国梁	二等奖

四、浙江省林业厅科技进步奖、农业厅丰收奖

年份	成果名称	完成主要单位和主要人	奖励等级
2002	茶树季周期栽培技术研究与应用	宁波市林业局生产处、宁海县农林局林特总站、奉化市茶业协会、余姚市农林局、象山县农林局林特总站 王开荣、陈洋珠、方乾勇、林伟平、莫淑茜、朱逢秋	二等奖
2007	白茶新优品系选育及产品开发	宁波市林特科技推广中心、宁波望海茶业发展有限公司、余姚市林特技术推广总站、浙江大学茶叶研究所、奉化市雪窦山名茶产销合作社 王开荣、林伟平、方乾勇、李明、梁月荣、俞茂昌、秦岭、张完林	二等奖

年份	成果名称	完成主要单位和主要人	奖励等级
2010	茶叶生产全程质量安全信息管理系统研制与应用	宁波市林特科技推广中心、浙江省农业科学院、宁波市农业科学院 王开荣、邓勋飞、吕晓男、吴颖、江晓东、方乾勇、陈晓佳、任周桥	三等奖
2017	宁海茶树优异资源保护与开发技术研究	宁海县农业产业化办公室、宁海县桥头胡镇汶溪茶叶良种场 姜燕华、胡桐、冯家浩、成浩、储中义、钟鹏建、肖灵亚	三等奖
	白茶－猕猴桃间作套种技术示范推广	宁海县桥头胡兰茗良种茶场 姜燕华、王昂平、吴碧波、徐会建、胡余德、徐伟裕	三等奖
2018	宁波蟠曲形茶生产集成创新及产业化	宁波市奉化区林特技术服务推广总站、余姚市林特技术推广总站、宁波市鄞州区林业技术管理服务站、宁波市林特科技推广中心、中国农业科学院茶叶研究所 王礼中、李明、吴颖、韩震、方乾勇、袁海波、姜燕华、丁峙峰、段俊彦、徐艳阳、崔娟娟、郭华伟、金晶、董莉、方谷龙	二等奖

注：1983—1998年为"科技进步奖"，2002年后称为"科技兴林奖"，2018年为"农业丰收奖"。

五、宁波市科技进步奖

年份	成果名称	完成主要单位和主要人	奖励等级
1998	余姚茶叶产加销一体化研究总结	余姚市林业特产技术推广总站 刘尧喧、朱银铨、朱逢秋、赵建国、沈立铭	三等奖

年份	成果名称	完成主要单位和主要人	奖励等级
2002	茶树季周期栽培技术研究与应用	宁波市林业局生产处、宁海县农林局林特总站、奉化市茶业协会、余姚市农林局、象山县农林局林特总站 王开荣、陈洋珠、方乾勇、林伟平、朱逢秋、莫淑茜	三等奖
2007	白茶新优品系选育及产品开发	宁波市林特科技推广中心、宁波望海茶业发展有限公司、余姚市林特技术推广总站、浙江大学茶叶研究所、奉化市雪窦山名茶产销合作社 王开荣、林伟平、方乾勇、李明、梁月荣、俞茂昌、秦岭、张完林	二等奖
2020	白化茶早生高氨新品种选育与产业化关键技术	宁波黄金韵茶业科技有限公司 浙江大学 余姚市上王园艺场 余姚市农业技术推广服务总站 李明、张龙杰、梁月荣、吴颖、王开荣、郑新强、王荣芬、张完林、胡涨吉	二等奖

第三节　茶叶地方标准

　　1992年宁波市在全国率先制定、颁布了《名优绿茶》和《名优绿茶生产技术规程》两个地方标准以来，至今先后颁布了《名优绿茶生产技术规程》《望海茶》等6项茶叶地方标准，同国标、行标结合已经形成了比较系统的技术规范。

一、名优绿茶生产技术规程

《名优绿茶生产技术规程》（DB3302/T 001）作为宁波市第一套农业标准，自1992年后又经过2000年、2006年、2012年、2016年、2018年五次修订，在20年多间，对于推动全市名优茶标准化、规范化生产起到了极大的指导和促进作用，有力地稳固了名优绿茶在宁波茶业中的支撑地位。标准规定了宁波市名优绿茶的术语和定义，如茶树苗木、园地建设、茶苗定植、树冠培育、土壤管理、生理保护、病虫草害综合防治、加工环境与设备、鲜叶采摘、鲜叶处理、机制工艺、手制工艺、分级封装、质量要求。适用于宁波市区域名优绿茶的生产。

二、望海茶生产技术规程

《望海茶生产技术规程》（DB3302/T 008）1999年由宁波市技术监督局发布实施后，又经过2005年、2017年、2018年修订，在全县得到广泛推广应用，"望海茶"的生产质量、知名度和市场占有率大幅度提升，对全县茶叶经济效益的提高和茶叶产业化的发展起到了积极的推动作用。标准规定了"望海茶"茶园苗木的要求，建园规划，品种选择，新园定植，树冠管理，土壤管理，茶园施肥，茶园水分，冻、热害防治，病、虫、草害综合防治，鲜叶原料，加工厂，加工技术，质量要求等。适用于宁波市地区"望海茶"的生产。

三、宁波白茶生产技术规程

《宁波白茶生产技术规程》（DB3302/T 051—2005）2005年由宁波市技术监督局首次发布实施。宁波白茶，是根据宁波区域条件，拥有自主知识产权，以白叶茶树种为原料而制作的特种绿茶，是提升宁波市茶业发展水平的战略产品。标准规定了宁波白茶的术语和定义、园地建设、茶园管理、生产加工过程卫生要求、鲜叶要求与加工工艺。

四、余姚瀑布仙茗生产技术规程

《余姚瀑布仙茗生产技术规程》（DB3302/T 075）于1998年12月首次通过专家审定，作为余姚市地方标准发布实施。随着农产品生产技术标准的不断改进和茶叶生产实际的发展，2003年9月对《余姚瀑布仙茗》标准进行了首次修订。2009年经宁波市林业标准化委员会立项重新编制后，升级为宁波市地方标准，又经过2012年、2017年、2018年的修订与完善，满足市场中对产品多元化的需要，提升余姚瀑布仙茗产业化发展步伐，加快国内外市场的开拓。标准规定了余姚瀑布仙茗绿茶的特色术语与定义，如茶树苗木、茶园建设、茶苗定植、树冠培育、茶园管理，以及生产加工过程中的卫生要求、鲜叶采摘、鲜叶处理、加工工艺、机械类型参数、分级封装等技术要求，适用于宁波区域内余姚瀑布仙茗绿茶的生产。

五、宁波市茶园产地编码

《宁波市茶园产地编码》（DB3302/T 087）于2010年由宁波市林特科技推广中心起草，规定了宁波市茶园产地编码的术语和定义、编码原则、编码规则与编码管理。标准适用于宁波市的茶园产地编码的编制、应用与管理。

六、奉化曲毫茶栽培加工技术规程

《奉化曲毫茶栽培加工技术规程》（DB3302/T 120）于2000年由奉化市茶业协会制定，作为奉化地方标准发布实施。2006年根据形势发展，新技术的推广应用，对原有标准做了部分修订。2012年该标准升级为宁波市地方标准。经过2017年、2018年的修订与完善，推动奉化名优茶标准化生产、规范化操作起到了积极促进作用，而且还极大促进了奉化市名优茶品牌的整合、规模的扩大、质量的提高和知名度的提升。标准规定了"奉化曲毫"茶的园地选择与建园要求、品种选择、定植、树冠管理、土壤改良与施肥、旱涝害预防、冻害防治、病虫综合防治、鲜叶采摘、厂房设备与卫生要求、加工工艺与技术要点、分级要求及包装、标志。适用于"奉化曲毫"茶的茶园栽培管理、鲜叶采摘及加工。

第四节　技术培训

　　每年宁波市、各区、县（市）都会根据产业发展需要，安排新技术、新优品种、实用技术等多种形式的茶叶技术培训，开展提高从业人员的专业技能和业务素质，引导产业发展方向，促进茶产业健康有序发展。宁波市级比较重要的培训有1984年开始的宁波名茶评比及技术交流活动，2004年开始的"中绿杯"名茶评比暨宁波市茶叶生产培训会，2013年开始的宁波市红茶评比及加工技术培训活动。近几年的培训主要包括2016年宁波市优质茶机采机制培训、2017年茶叶绿茶高效生产技术培训、2018年绿色高效综合技术培训、2019年宁波市茶产业转型升级高级研修班培训、2020年全市茶产业"十四五"发展战略提升培训、宁波市工艺白茶加工技术交流会等。

形式多样的技术培训会

第九章 ◎ 宁波名茶

第一节　古今名茶

一、晋　　唐

余姚瀑布仙茗。

二、宋　　代

十二雷茶、化安瀑布茶、宁海茶山茶（盖苍山茶）、郑行山茶。

三、元　　代

范殿帅茶、雪窦山茶。

四、明　　代

象山朱溪茶、珠山茶。

五、清　　代

太峰巅茶、余姚建岇岙茶、童家岙茶、太白茶。

六、当代创制名茶

宁波：宁波白茶。

余姚：高香十二雷、化安双瀑、四明银霜、四明剑毫、四明龙尖、四明玉翠、四明春露、河姆渡丞相绿。

海曙：它山堰茶。

象山：象山银芽、象山银毫、天池翠、半岛仙茗。

宁海：望海茶、望府茶、宁海赤峰、宁海第一尖、望府银毫、赤岩茶、翠香、冠峰白银。

鄞州：东海龙舌、东海云雾春、钱湖翠竹。

奉化：奉化曲毫、弥勒禅茶、武岭茶。

北仑：九峰翠雪、三山玉叶。

第二节　历史存目名茶

一、化安瀑布茶

宋代余姚名茶。宋嘉泰《会稽志》卷十七《日铸茶》载："今会稽产茶极多，佳品惟卧龙一种，得名亦盛，几与日铸相亚。其次余姚之化安瀑布茶。"

二、宁海茶山茶（盖苍山茶）

宋代宁海名茶。南宋嘉定《赤城志》卷二十《山水门》载："盖苍山，在东北九十里。一名茶山，濒大海，绝顶睇诸岛屿，纷若棋布，以其地产茶，故名。"

三、郑行山茶

宋代象山名茶。南宋宝庆《四明志》卷二十一引《象山县志》载：
"郑行山，县西北十里，山尤高耸，上产灵草佳茗。旧有郑行结庵于上。"
明嘉靖《宁波府志·山志》载："郑行山，其山产丹桂佳茗。"明万历
《象山县志》载："郑行山产佳茗"（转引清乾隆《浙江通志·物产》）。

四、范殿帅茶

元代名茶。元忽思慧《饮膳正要》载："范殿帅茶，系浙江庆元路
造进茶芽，味色绝胜诸茶。"元至正《四明续志》卷五《土产》载："茶
出慈溪县民山，在资国寺冈山者为第一，开寿寺侧者次之。每取化安寺
水蒸造，精择如雀舌，细者入贡。"清谈迁《枣林杂俎》载："慈溪县茶
（贡）二百六十斤。县西南六十里，宋宝祐间丞相史嵩之治墓，建开寿、
普光禅寺。其山颇产茶，殿帅范文虎因置茶局进贡。元明皆仍之。"

五、雪 窦 茶

元代奉化名茶。元诗人成廷珪《送澄上人游浙东其一》云："浙水
东边寺，禅房处处佳。千崖无虎豹，二月已莺花。晓饭天童笋，春泉
雪窦茶。烦询梦堂叟，面壁几年华。"清光绪《奉化县志·物产》载：
"如雪窦山及其塔下之钊坑，跸驻之药师呑塘坞，六诏之吉竹塘、忠义
之白岩山出者为最佳。"

六、珠 山 茶

明代象山名茶。明嘉靖《宁波府志·山志》载："珠山，县东北之

别路三十里……土出白垩，更多异卉，茗尤佳。"明万历《象山县志》载："郑行山产佳茗，珠山更多"（转引清乾隆《浙江通志·物产》）。清乾隆《象山县志》卷三《物产》载："茶，产珠山顶者佳。"清道光《象山县志》（民国刻本）卷之一《山川》载："珠山，县东北三十五里，一名珠严山……有白垩、茜石、异草、佳茗。"

七、建岙岙茶

清代余姚名茶。《四明山志》记：石井山，亦名建岙岙，其岭曰谢公。建岙产茶，而谢公岭为名品（转引光绪《余姚县志》卷六《物产》）。清光绪《余姚县志》卷二《山川》载："石井山，亦名建岙岙。有石屋，有石蟹泉。其山曰石井，其岭曰谢公，以安石得名。建岙产茶，谢公岭尤为名品。"

八、太峰巅茶

清代镇海名茶。清乾隆《镇海县志》载："茶，出泰邱乡太峰巅者佳。"清光绪《镇海县志》记：茶之出浙东，以越州上，明州、婺州次（《茶经》）；出泰丘乡太峰巅者佳（乾隆《镇海县志》）；瑞岩产茶最盛，茶干有大如碗者（《见闻谨述》）。

九、太　白　茶

清代鄞县名茶。清乾隆《鄞县志》卷二十八《物产》载："鄞之太白茶为近出，然考舒懒堂（亶）《天童虎跑泉》诗：'灵山不与江心比，谁为茶仙补水经？'则宋时已有赏之者，因更名灵山茶。至今山村多缭园以植。茶，晚收者曰茗，曰蒤，以太白山为上，凤溪次之，西山又次之。太白出者，每岁采制，充方物入贡。"

清同治《鄞县志·物产》载，李邺嗣《鄮东竹枝词》注：太白山顶茶，山僧采摘不过一二斤，其上多兰花，故茶味自然清香。

十、童家岙茶

清代慈溪名茶。清光绪《余姚县志》卷六《物产》记，茶产瀑布岭建峒岙者佳，并称四明茶，化安山茶次之，童家岙又次之。

第三节　名茶选介

一、余姚瀑布仙茗

余姚瀑布仙茗，又称瀑布茶，原产于余姚市四明山，传统为针形绿茶；依托余姚特有的茶树品种特色，开创了"绿、黄、白"三色系列绿茶。

四明山，最早又名句馀山，唐代改称沿用至今。地处浙东沿海，是道教圣地，被列为第九洞天，名曰"丹山赤水洞天"。由此吸引众多名人学子、道士高僧来此修道隐居，至今留有汉仙人丹丘子发现大茶树、刘（纲）樊（云翘）夫妇修道品茶成仙等传说。境内青山秀水，茶园众多。

瀑布仙茗为浙江最古老的历史名茶，文化底蕴厚实，内涵丰富。首见西晋《神异记》载："余姚人虞洪入山采茗，遇一道士牵三青牛，引洪至瀑布山，曰：'予丹丘子也。闻子善具饮，常思见惠。山中有大茗可以相给，祈子他日有瓯牺之余，乞相遗也。'洪因设奠祀之，后常令家人入山，获大茗焉。"唐代陆羽《茶经》三处提及，即《四之器》

大岚镇余姚瀑布仙茗生产基地

《七之事》各引录《神异记》所载内容，《八之出》载："浙东，以越州上。余姚县生瀑布泉岭，曰仙茗，大者殊异，小者与襄州同。"

近代，由于瀑布仙茗制茶工艺早已失传，由余姚市茶叶科技工作者于1979年在梁弄镇道士山村开展了瀑布仙茗创制恢复工作。1980年在浙江省名茶评比会上荣获一类名茶称号，1982年为省二级名茶。创制的瀑布仙茗为针形绿茶，主要工序包括摊青、杀青、摊凉、理条、摊凉、整形、提香，茶叶外形细紧挺直，稍扁似松针，香高味醇，耐冲泡耐储存。为克服手工炒制随意性大、产品质量不稳定、生产成本高和难以形成规模生产等弊端，1992年春在湖东林场开展了机制瀑布仙茗的研究，并通过市级鉴定。1999年10月，以"一市一品"为契机组建了余姚瀑布仙茗协会，推进实施余姚瀑布仙茗品牌战略，并注册"余姚瀑布仙茗"证明商标。2001年以"协会＋合作社＋企业（大户）＋农户"经营模式，逐步整合全市茶叶品牌，推进瀑布仙茗产业迅速发展。余姚瀑布仙茗先于2001年获浙江省名牌产品称号，2005年荣获"宁波市知名商标"，2006年获"浙江省十大地理标志区域品牌"称号，2007年4月获"宁波八大名茶"称号，2007年12月被司法认定为"中国驰名商标"，2009年获"中国鼎尖名茶""浙江省优质名茶"称号，2010年获"中国农产品地理标志"、成功入选"2010年上海世博会中国元素活动区礼品茶"、获"中华文化名茶"等众多荣誉。

余姚瀑布仙茗

2009年余姚以紧紧围绕"兴一个产业、富一方百姓"宗旨专门出台了《关于进一步加快茶产业发展的若干意见》，以提升"余姚瀑布仙茗"品牌建设为战略重点，大力推进茶叶生产规模化、现代化、优质化、产业化、品牌化进程，全面提升茶产业发展水平。在3年内余姚市财政每年安排1 000万元，重点用于余姚瀑布仙茗茶产业发展，并成立了余姚市茶叶产业指导管理办公室。截至2018年年底，余姚瀑布仙茗生产单位（QS认证）达到46家，茶叶种植面积6.37万亩，建成自动连续化名优茶生产线数条，年产量800吨，产值1.85亿元，主要销往宁夏、河北、上海、宁波等地，少量出口至美国、加拿大等国家与地区。

二、四明十二雷

宁波历史上明确记载的贡品茶叶。乾隆《浙江通志》卷一百零三《物产》："宁波府：晁以道诗：'官有白茶十二雷'。自注：四明茶名"。（2012年陈宗懋院士主编的《中国茶叶大字典》收录有"四明十二雷""四明白茶"两条目，指出两者为同一茶）。清乾隆《鄞县志·物产》载："元以十二雷之区茶入贡，鄞之太白茶为近出。"

四明十二雷茶千年三度出产，生产延续时间长，区域跨度大。最早记述四明十二雷的是北宋的晁说之（1059—1129）。他所在年代，正是团茶最兴、白茶大行天下之时。他在《赠雷僧》的诗中写道："留官莫去却徘徊，官有白茶十二雷。便觉罗川风景好，为渠明日更重来。"并加注曰："予点四明茶云'直罗有此茶否？'答云'官人来，则直罗有。'十二雷，是四明茶名。"南宋时，王应麟（1223—1296）在《四明七观赋》有"茗十二雷，采撷区萌"之句。

第二次出产是在清朝时。1750年，史学大家全祖望来到余姚车厩岙亲自造灶、复制四明十二雷，并对其进行详尽考证，留下了《十二雷茶灶赋》和《区茶》两篇辞赋，对四明十二雷的产地、采茶、加工、储藏等进行了详细的说明。当时，四明十二雷茶产地仅在车厩岙至陆埠一带，后来东扩至余姚大隐镇相邻山区。

第三次恢复是20世纪80年代。余姚市有关部门成立了四明十二雷开发课题组，于1985年秋，在开寿寺遗址旁的虹岭村，恢复创制了松针形四明十二雷。1987年在浙江省首届斗茶会上，因其"松针形、紧直挺、翠绿带白毫、香浓、鲜爽醇口、有回味"，被授予浙江省十大名茶称号。1988年成为宁波市级名茶。2009年在中国茶业博览会上获金奖，在余姚本地乃至全国市场都享有一定声誉。

全祖望《十二雷茶灶赋》写明了对十二雷茶详细的考证，结合其他文述，可知十二雷茶是以采茶季节命名，白茶是以品种特性命名，

四明十二雷

区茶则取意园地栽培茶而非山上野生茶，实为一茶三名。2009年8月，四明十二雷茶制作被列入第三批余姚市非物质文化遗产名录。2018年，四明十二雷茶产量达3吨，产值约320万元，辐射带动周边茶农增收。

三、望海茶

望海茶产于国家级生态示范区——宁波市宁海县，为条形绿茶，因始制于望海岗而得名。

宁海于西晋太康元年（280）建县，位于象山港和三门湾之间，四明山和天台山两大余脉在境内交会，形成"七山一水两分田"地貌，生态环境十分优异，雨量充沛，森林覆盖率达62%，为宁波市首个国家级生态县和省可持续发展实验区，宁波优质水源供应地。

宁海产茶历史悠久。宋代陈耆卿编纂的《嘉定赤城志》（1208—1225年）载："宁海禅院十一有二，宝严院在县北九十二里，旧名茶山，宝元（1038—1040）中建。相传开山初，有一白衣道者，植茶本于山中，故今所产特盛。治平（1064—1067）中，僧宗辩携之入都，献蔡端明襄，蔡谓其品在日铸上。"可见北宋宁海已有产茶。《嘉定赤城志》卷二十二载："盖苍山，在东北九十里。一名茶山，濒大海，绝顶睨诸岛屿，纷若棋布，以其地产茶，故名。"《嘉定赤城志》卷三十六《土产·货之属》下"茶"条记载："茶，……今紫凝之外，临海言延峰山，仙居言白马山，宁海言茶山，黄岩言紫高，皆号最精。而紫高山茶，昔以为在日铸之上者也。"可见当时宁海茶品质居古台州诸茶之首。

随着时间推移，宁海名茶被湮没在历史的长河中，1980年，宁海县农林部门为全县名茶的开发做积极努力，县农林部门茶叶科技工作者陈洋珠选择在天台山余脉、国家级森林公园南溪温泉之巅的千米高山望海岗开发望海茶，此地历史上种茶，终年云雾缭绕，空气湿润，土壤肥沃，生态环境特别适合茶树生长，取其登高极目可与东海相望之意。

望海岗茶园

经过重新研发后的望海茶，既传承了宁海千年名茶之余韵，又具有鲜明的高山云雾茶之独特风格，其外形细嫩挺秀，色泽翠绿，香高持久，滋味鲜爽回甘，汤色清澈明亮，叶底嫩绿成朵，在众多名茶中独树一帜。

1980年望海茶参加浙江省名茶评比获一类名茶奖，1984年荣获浙江省名茶证书，1993年获泰国中国优质农产品展览会银奖，1995年获第二届中国农业博览会金质奖，1999年获第三届"中茶杯"全国名茶评比一等奖，2002年获浙江名牌产品，2003年获浙江省著名商标，2004年被认定为浙江省十大名茶，2008年获浙江农业名牌产品，2009年获中国鼎尖名茶，2004年以来连续多次获"中绿杯""国饮杯"金奖，2010年获"中华文化名茶"称号，2016年获国家工商总局"地理标志证明商标"，2018年获第二届中国国际博览会金奖。

望海茶

2018年，望海茶种植面积5万余亩，产量860吨，产值2.2亿元，主要销往宁波、上海等地。目前，望海茶生产龙头企业包括宁波望海茶业发展有限公司、宁海县望海岗茶场、宁海县茶业有限公司、宁海县润发茶业有限公司、宁海县珠花茶庄、宁海县深圳七星塘茶场、宁海县天顶山茶场、宁海县桑洲镇紫云山茶场、宁海县桥头胡兰茗良种茶场等。

四、宁波白茶

宁波白茶，缘起北宋时期，世人熟知九百年前宋徽宗赵佶《大观茶论》中评白茶为"天下第一茶品"，而同期宁波人晁说之的《赠雷僧》记载了宁波的白茶。以印雪白茶为注册商标的宁波白茶是宁波市八大名茶之一，作为茶叶公用品牌已经运行了近20年，是当今宁波市效益最为显著的茶品。

当今宁波白茶是全市实施加快山区名优茶发展与名茶名牌战略的成果。1998年冬，地处宁波市四明山高山之巅的余姚市四明山镇大山村率先规模化引种了安吉白茶。2001年，宁波市林业局率象山、宁海、奉化、余姚4县8家茶场相关人员，采用发明专利工艺，向市场推出"印雪白"牌宁波白茶，珍稀罕有的种质资源、师法自然的栽培方式、独特的采制专利工艺造就了宁波白茶卓越的品质，使印雪白牌宁波白茶一亮相，就迅速获得了市场的高度认可。

大山村宁波白茶生产基地

宁波印雪白茶的品质个性鲜明别致，品饮含义丰富有趣：其茶色有三变，即鲜叶白色、干茶镶金黄色、叶底现玉白或玉黄色；茶品有三极，即汤翠极、味鲜极、香郁极；茶饮有三趣，即初饮鲜甘、二饮醇鲜、三饮辛冽。特别的品质、特殊的泡饮、特有的韵味构成了宁波白茶的珍、奇、稀、趣。

在推进宁波白茶品牌与产业化过程中，市林特科技推广中心联合浙江大学和县市推广机构、重点茶场共同承担了宁波市科技攻关项目"宁波白茶新优品系选育及产品开发研究"。项目选育出四明雪芽、千年雪、黄金芽等多个白化茶新品种（千年雪和黄金芽于2008年获得浙江省林木良种认定），从中发现了4个白化茶特有基因并进入美国国家生物中心基因库；经中茶所等检测，白叶茶四明雪芽、千年雪氨基酸最高含量达到11.07%、12.61%，为当时茶中之最；同时申请获得了宁波白茶的国家发明专利、编制了《宁波白茶》标准。2005年，项目主持人教授级高级工程师王开荣还撰写出版了《珍稀白茶》，主编《宁波印雪白茶茶道》。

这些研究成果，为宁波白茶从品种、基地、技术、标准、品牌、文化等多层面全方位提供了产业化发展的有力支撑。随后宁波白茶基地范围迅速覆盖全市，产业规模、效益规模得到大幅度扩展。宁波印雪白茶先后获得2005年"中绿杯"名优绿茶评比金奖和第六届"中茶杯"全国名优茶评比一等奖、2006年"中绿杯"名优绿茶评比金奖、2008年宁波"八大名茶"称号、2010年香港国际茶叶食品博览会金奖等殊荣。2013年后，宁波市白茶种植面积2万余亩，年产值稳定在1.5亿元以上。

宁波白茶

五、奉化曲毫

奉化曲毫产于奉化四明山脉和天台山脉茶区，尤以雪窦山地区久负盛名，产地包括尚田镇、大堰镇、溪口镇、莼湖镇、西坞街道、松岙镇和裘村镇等乡镇，为卷曲形绿茶。

奉化地处亚热带季风气候区，四季分明，温和湿润，年均气温16.3℃，降水量1 350～1 600毫米，日照时数1 850小时，无霜期232天，山地植被丰富，森林茂密，森林覆盖率达66%，属茶叶生产最适宜区，其中雪窦山为浙东四明山支脉的最高峰，海拔800米，有"四明第一山"之誉。

奉化曲毫生产基地

元代奉化已产名茶雪窦茶。元诗人成廷珪《送澄上人游浙东二首》之一有茶诗"晓饭天童笋，春泉雪窦茶"。清光绪《奉化县志·物产》载："（茶）如雪窦山以及塔下之钊坑，骅驻之药师吞塘坞，六诏之吉竹塘，忠义之白岩山（蟠龙茶发源地）出者为最佳。"

1996年，在奉化科技人员的共同努力下，雪窦山牌奉化曲毫创制成功。重获新生的奉化曲毫鲜叶采一芽一叶至一芽二叶初展，制作分摊青、杀青、揉捻、初烘、摊凉回潮、大小锅炒制及分筛和足烘等多道工序，所制茶叶外形肥壮蟠曲绿润显毫、清香持久、滋味鲜爽回甘、汤色绿明、叶底成朵、嫩绿明亮。

奉化曲毫以"色绿、香高、味醇、形美"品质特征先后囊括"浙江省名茶证书"（2001）、"国际名茶金奖"（2000）、"首届世界绿茶大会最高金奖"（2007）、"中茶杯"特等奖（2009、2015）、"中绿杯"（2004—2018）金奖等国内外四十多个奖项。2009年，"雪窦山"牌奉化曲毫被认定为"浙江省著名商标"。2010年获"中国驰名商标"。

2015年获得浙江省名牌产品。2017年获得"国家生态原产地产品保护"。2018年夺得第二届中国国际茶叶博览会金奖。2019年国家地理标志证明商标注册成功。

2002年奉化成立雪窦山茶叶专业合作社经营生产奉化曲毫，到2019年合作社有社员132名，茶园基地面积12 000亩，生产"雪窦山"牌奉化曲毫名茶125吨，销售额达到6 000万元，主要销往宁波、上海、北京、南京、深圳、沈阳等地。

奉化曲毫

六、太白滴翠

古郧鄞地盛产名茶。相传秦始皇就曾巡游于此，品茗观景。古郧太白就是现在鄞州区太白山脉一带，由于太白山脉独特的气候条件和生态资源，特别适宜茶树生长。宋宰相史浩有诗云："逆云佛塔金千寻，傍耸滴翠玲珑岑"；宋文人舒亶曾评太白山茶曰："灵山不与江心比，谁会茶仙补水经"；清代李邺嗣诗云："太白尖茶晚发枪，雾雾云气过兰香"，都可窥见太白山茶之优异。清乾隆年间，据《鄞县志》记载："太白山为上，每当采制，充方物入贡。"自此，太白山茶正式作为贡茶被载入史册。

鄞州太白滴翠生产基地

新时代，太白贡茶被赋予了全新的意义与使命。鄞州区注册"太白滴翠"商标，取"集太白之灵韵，成人间之滴翠"含义，实施茶叶统一品牌，更好地传承发扬太白贡茶的历史文化与品质特色。2018年1月成立鄞州太白滴翠茶叶专业合作社，全面实行"五统一"标准管理，相继开发出太白滴翠系列茶叶产品：扁形绿茶精选一芽一叶初展嫩芽为原料，外形扁平光滑，色泽绿润，嫩香持久，味甘鲜爽，汤色嫩绿清澈，叶底成朵完整。白化绿茶精选一芽一叶初展嫩芽为原料，外形条直秀丽，色泽黄绿润，清甜持久，鲜醇甘爽，汤色嫩绿明亮，叶底嫩匀完整。

太白滴翠产品以其独特的工艺，优质的品牌，先后在"中绿杯"中国名优茶评比中荣获"两金两银"、第六届"浙茶杯"优质红茶评选荣获金奖、第十二届国际名茶评比荣获"两金两银"、2018浙江绿茶（银川）博览会名茶评比中荣获金奖、2019年第四届红茶评比中荣获"一金一银"等一系列好成绩，并获得宁波市名牌农产品称号。

太白滴翠

七、望府茶

望府茶产于宁海县望府楼茶场。望府茶生长在望府楼，距宁海城关镇约9千米。望府楼主峰海拔530米，系天台山分支余脉。天气晴朗时，站在望府楼上可眺望台州府，故名望府楼。望府楼濒临三门湾，受海洋性气候影响，气候湿润，雨量充沛，云雾缭绕，年平均气温16℃，年降水量1 650毫米，土质肥厚，有机质含量极为丰富，植被良好。

望府茶系列之望府银毫于1987年开始试制，因产于望府楼，外形银毫裹翠而定名。望府银毫采用福鼎大白茶鲜叶，经杀青、摊凉、揉搓做形、烘干制成，外形条索肥壮披毫、紧直、色泽绿翠光润，香高鲜纯，滋味鲜醇，爽口回甘，汤色嫩绿，清澈明亮，叶底芽叶肥嫩、绿亮。经过近30年的努力，当地又相继研发了望府白茶、望府金毫等产品。

1988年望府茶参加浙江省名茶评比，获省一类名茶奖；1989年获市一类名茶奖，并被推荐参加全国第二届名茶评比，被评为部级名茶而荣获金杯奖。继而又获1993年在泰国举办的中国优质农产品展览会银奖，1995年第二届中国农业博览会金奖，1998年获浙江省优质农产品金奖，2000年获浙江省农业名牌产品，2002年获国际名茶金奖，2003年"望府"商标获得宁波市知名商标称号，同年获中国农博会金奖，2004年"望府"商标获得浙江省著名商标称号，2005年以来连续获多次"中绿杯"金奖，2006年获浙江省名牌产品，2018年公司开发的红茶因连续3次获"浙茶杯"金奖而荣获"浙江名红茶"。

望府茶生产基地

　　2018年，望府茶生产基地4 000亩，其中自有茶园1 500亩，产量1 800吨，产值2 300万元，其中名优茶16吨以上，产品主要销往江苏、山东、湖南、上海等省、直辖市和香港特别行政区，以及日本、澳大利亚等国家。

望府茶

八、东海龙舌

　　东海龙舌，产于东钱湖旅游度假区福泉山茶场，因其产自东海之滨、外形扁平而得名。东海龙舌是福泉山茶场主导品牌，经摊青、杀青、理条、压扁、干燥（手工辉锅、回潮、机器辉锅）制成，茶叶外形扁平、挺削、匀整，嫩黄带毫，香高、持久、带栗香，汤色清澈明亮，滋味浓醇，爽口有回味，叶底芽叶肥嫩成朵，黄绿明亮。

东海龙舌

　　为做强"东海龙舌"品牌，茶场不断加强品质和品牌管理，于2003年认证国家无公害农产品，2004年由中国农科院茶叶研究所中农质量认证中心认证为有机茶，同年"东海龙舌"商标被认定为浙江省著名商标，2005年又被认定为宁波市名牌产品，2006年首批通过茶叶质量安全QS认证，2018年被认定为宁波市名牌农产品。

　　"东海龙舌"茶叶生长的自然生态环境十分优越，茶树主要分布在海拔200～550米的福泉山上，栽培茶树的土壤主要为黄壤，pH适宜茶树生长，土质丰厚肥沃，含有较高的有机质和腐殖质成分，而且森林植被十分完整茂盛，再加上福泉山远离城镇及工业污染，形成了非常适合茶叶生长的优良生态小气候。在这种最适宜最有利于茶树生长的生态环境下才造就了"东海龙舌"品牌名茶独一无二的品质特性。

"东海龙舌"茶叶在质量管理上，严格控制每道工序，做到全过程质量跟踪把关，从茶树栽培、鲜叶的采摘、运输、制作、精制包装各道工艺环节，做到层层质量把关，做好全程检验，决不以次充好也决不让一件劣次品流入市场，这也是名茶"东海龙舌"产品品质稳步提高，并能持续、稳定地保持良好形象和信誉的关键所在。

东海龙舌生产基地

九、它山堰茶

　　它山堰茶原产于鄞州区，分布在太白山麓和四明山麓。2017年区域调整后品牌归于海曙区，目前茶园主要分布在四明山麓的章水镇、龙观乡、鄞江镇、横街镇和集仕港镇范围，面积达到0.96万亩。

　　2002年鄞州区当家名茶品牌"东海龙舌"划归东钱湖，鄞州区名茶进入"小而散"状态。2006年，鄞州区农林局提出"联合优质茶企，创建统一品牌"的设想。2008年，成立了首家区级农民专业合作社——

宁波市鄞州区它山堰茶叶专业合作社（2018年更名为宁波市海曙区它山堰茶叶专业合作社），主推"它山堰"茶。自2008年起开始选送茶样参评并每届均获得中国名优绿茶评比——"中绿杯"金奖，2018年度选送"它山堰"白茶参评并获得第十二届国际名茶评比金奖。2018年"它山堰"牌茶叶获得"宁波市名牌农产品"。

它山堰茶，因鄞州的中国古代四大水利工程之一它山堰而得名，以一芽一叶和一芽二叶为原料，其中白茶（白化品种所制绿茶）经摊青、杀青、回潮、理条、烘干工艺制成，外形秀丽，色泽黄绿润，香气清甜持久，滋味鲜醇，汤色嫩绿，叶底嫩匀完整；绿茶经摊青、杀青、回潮、烘干工艺制成，外形扁平光滑挺直，色泽绿润，香气嫩香持久，滋味鲜醇，汤色嫩绿清澈，叶底成朵完整；它山堰红茶外形卷曲紧结，香气清甜持久，滋味鲜醇，汤色橙红清亮，叶底成朵匀整。

截至2018年，"它山堰"茶自有规模加工厂房规模10 000米^{2}以上，拥有1个包装中心，实施"五统一"包装策略。2019年，生产"它山堰"名茶18吨，产值1 500万元以上，产品主要销往江苏、浙江、上海等地。

它山堰茶（绿茶样）

十、象山半岛仙茗

象山半岛仙茗，产自东海之滨的象山半岛——浙江省象山县境内海拔541米终年云雾缭绕的珠山茶区。素有"东方不老岛、海山仙

半岛仙茗生产基地

子国"和"天然氧吧"美誉的象山半岛，山水形胜，土壤肥沃，雨量充沛，产茶历史悠久。据《浙江省农业志》记载，唐代时象山茶叶生产已初具规模，与奉化、慈溪、鄞县同列为宁波茶叶四大产地。宋代《宋会要辑稿·食货志》记载，含象山在内的明州六县产茶量位居浙东第一位，珠山、郑行山（今射箭山）、五狮山、蒙顶山皆产佳茗。清乾隆《象山县志·物产卷》载："产珠山顶者佳。"珠山茶区所在半岛，传说曾是安期生、徐福、陶弘景三位仙人的修道圣地，"半岛仙茗"缘此得名。

　　象山半岛仙茗是象山县独创的地方特色名茶，恢复试制生产始于1999年，半岛仙茗茶叶采摘期甚早，每年惊蛰前夕便可开摘。原料使用乌牛早、迎霜、鸠坑、中茶108、龙井43、尖叶乌牛早等茶树的单芽和一芽一叶细嫩芽叶为原料精制而成，制作工艺为摊青、杀青、揉捻、理条、烘焙五道工序，制成的干茶因具有外形细嫩挺秀、香气嫩香持久、滋味嫩爽回甘、汤色嫩绿明亮、叶底嫩匀鲜活"五嫩"特色而独树一帜。

半岛仙茗

　　因历史原因，象山半岛仙茗在2004—2013年发展迟缓，2014年后再度得以发展壮大，通过改进加工工艺，制订技术标准，提升茶叶品质，开拓茶叶市场，成立象山半岛仙茗茶叶专业合作社，实行"象山半岛仙茗"区域公用品牌经营和绿色生产工作，使半岛仙茗茶叶得到了迅速发展。至今，象山半岛仙茗茶园采摘基地达1万亩，产量55余吨，产值5 000万元，产品销往上海、南京、杭州等城市。象山半岛仙茗创建之初曾获市级名茶证书，并连续多年被评为省一类名茶，2001年获省"龙顶杯"金奖，2002年获中国农业精品博览会金奖。恢复发展后，于2016年、2018年连续获第八届、第九届"中绿杯"中国名优绿茶评比金奖，2015年、2017年、2019年连续三届"华茗杯"全国名优绿茶质量评比金奖，2017—2019年连续三届浙江省绿茶博览会名茶评比金奖。

十一、汶溪玉绿

　　汶溪玉绿是2000年以后由宁海县桥头胡镇汶溪茶叶良种场创制的名茶，产于宁海县桥头胡一带。

　　汶溪玉绿原料品种以水古茶为主，经摊青、杀青、摊凉、揉捻、理条、初烘、摊凉回潮、足火等工艺制成，外形芽头肥壮，色泽嫩绿，汤色黄绿明亮，清香，滋味清爽，叶底肥壮，嫩绿明亮。

2001年获全国第四届中茶杯特等奖，2002年获浙江省农博会银奖，2003年获第五届中茶杯全国名茶评比一等奖。

汶溪玉绿

十二、春晓玉叶

春晓玉叶产区主要分布于春晓街道域内，位于宁波市北仑区最南端，三面环山，一面临海，属亚热带海洋性季风区，四季分明，气候温和湿润，光照充足，雨量充沛，水资源丰富，茶树多种植于海拔200米避风山坳中，雾日年均230天以上，土壤疏松肥沃，十分有利于茶树的种植生长。

春晓玉叶与生产基地

春晓玉叶鲜叶采摘均要求在晴天上午茶树上露水收干后开采，标准为一芽一叶或一芽二叶初展，即"雀舌"状。春晓玉叶采用传统手工和现代工艺相结合精心焙制而成，单芽肥重壮实、扁平、光滑、挺直、色泽嫩绿鲜活，汤色嫩绿明亮，香气鲜嫩，清高持久，滋味甘醇鲜爽，叶底单芽匀整、嫩黄明亮，具有独特的自然风味。

春晓玉叶先后荣获第八届国际名茶评比金奖，2012年第二届"国饮杯"全国茶叶评比特等奖、2014年"中绿杯"金奖等荣誉。

十三、三山玉叶

三山玉叶绿茶，宁波市八大名茶之一，创制于2002年，创制人鲁孟军，春晓（三山）绿茶制作技艺非遗传承人。

三山玉叶绿茶原产地为春晓街道（原三山乡）。春晓街道位于宁波市北仑区最南端，三面环山，一面临海，属亚热带海洋性季风区，四季分明，气候温和湿润，光照充足，雨量充沛，水资源丰富，森林覆盖率达到58.8%。三山玉叶绿茶生产基地位于春晓街道的东盘山、上横村等地，平均海拔350米，植被茂盛，十分适宜茶树生长。

三山玉叶茶园

春晓（三山）绿茶制作技艺当代传承人鲁孟军，师从当地种茶、销茶的传承家族陈家。鲁孟军、陈彩君夫妻通过近20年的努力，不仅很好地传承了传统的绿茶制作技艺，而且大胆创新研制成功"三山玉叶"新品。三山玉叶结合现代机制工艺，将鲜叶经摊青、杀青、理条、压扁、手工辉锅等工艺制作而成，具有外形细秀似雀舌、色泽嫩绿润、汤色嫩绿清澈明亮，香气清嫩持久，滋味鲜爽回甘，叶底芽叶嫩匀、嫩绿明亮的品质特征。

三山玉叶绿茶自创制以来，8次荣获"中绿杯"中国名优绿茶评比金奖，共4次荣获浙江绿茶博览会金奖，2017年荣获第十八届中国绿色食品博览会金奖。如今，三山玉叶共有绿色食品茶叶生产基地300亩，年产名优绿茶5吨，产值500多万元，产品现已覆盖整个宁波区域，远销北京、上海、南京、香港等地。

三山玉叶

十四、弥勒禅茶

弥勒禅茶产于宁波市奉化区，因奉化雪窦山为弥勒道场而得名，为卷曲形绿茶。

奉化茶园大多分布在土壤为花岗岩与火山岩发育而成的砂质黄壤

和香灰土的山地上，土壤pH为4.5～6.5，山间云雾缭绕，形成了独特的山地小气候，生态条件优越。

2008年，奉化茶叶科技人员创制了弥勒禅茶，采摘高山茶园一芽一叶至一芽二叶鲜叶，经摊青、杀青、揉捻、初烘、做形、足火工艺制成，外形蟠曲如佛珠，色泽绿润，滋味鲜爽回甘，香气清香隽永，叶底嫩绿明亮，获得第七届国际名茶金奖、首届"国饮杯"全国茶叶评比特等奖、第八届"中茶杯"全国名茶评比一等奖等殊荣。

弥勒禅茶生产基地

弥勒禅茶

十五、岗顶大良茶

岗顶大良茶产于慈溪南部匡堰镇岗墩村，是由岗墩茶场于20世纪70年代初创制的扁平形绿茶，2001年后主要由慈溪市岗墩茶叶有限公司生产。岗顶大良茶以茶树新鲜嫩叶为原料，经摊青、青锅、回潮（摊凉）、辉锅等工艺制成，外形扁平光滑、挺秀尖削，色泽嫩绿、挺直、匀整，香高持久，汤色嫩绿明亮，滋味甘醇鲜爽，叶底幼嫩肥壮、芽叶成朵。2008年荣获世界茶叶联合会评比金奖。

岗顶大良茶与生产基地

十六、戚家山雀舌茶

戚家山雀舌茶产于宁波慈溪市横河镇大山村，大山主峰海拔297米，周边群山叠峰、树林茂密，赋予茶山无与伦比的自然环境优势，光照充足、温度适宜、雨水充足。

2014年，在浙江大学茶叶研究所团队帮助下，宁波戚家山茶叶有限公司创制了戚家山雀舌茶。雀舌茶机制步骤为：采摘—摊放—杀青—回潮—翻炒—回潮—翻炒—回潮—轻轻压制翻炒—筛选—包装。

戚家山雀舌与生产基地

戚家山雀舌茶色泽翠绿明亮，香气清高持久，滋味鲜爽，叶底黄绿匀齐，在2014年荣获第10届国际名茶评比雀舌茶金奖，2018年获中国义乌国际森林产品博览会金奖产品。

十七、龙殿凤舌

龙殿凤舌由宁波市镇海龙殿茶场于2003年创制，产自镇海区九龙湖镇汶溪村小洞岙水库边的高山茶园。

龙殿凤舌

龙殿凤舌经摊青、杀青、理条、二次理条、辉锅制成，外形扁平光滑、色泽翠绿，汤色碧绿明亮，香如幽兰，滋味甘醇、鲜爽。

　　2004年，龙殿凤舌获中国宁波国际茶文化节"中绿杯"银奖。2006年，获北京马连道第六届茶叶节浙江绿茶博览会银奖。2008年，获中国国际茶文化节暨浙江绿茶博览会金奖。

十八、秦香春茶

　　秦香春茶由秦山春毫茶厂于2002年创制成功，产于镇海区九龙湖镇。九龙湖镇，是宁波地区海拔最高的茶园之一，这里群山环绕、雨量充沛、土壤肥沃。

　　秦香春茶以白化茶品种为原料，经摊青、杀青、揉捻、理条、二次理条、初烘、二次烘干制成，外形芽毫完整、满身披毫，毫香清鲜，汤色黄绿清澈，滋味淡雅、回甘生津，屡获"中绿杯"奖项。

秦香春茶与生产基地

十九、小望尖白茶

　　小望尖白茶产于宁波市江北区海拔最高的小望尖山头，最高处海拔385米，地理位置优越，竹木繁茂，风景秀丽，茶园三面环山，一面临英雄水库，只采春季的茶园时常云雾缭绕，使得茶叶有独特的香气和优于平地茶的口感。

小望尖白茶采用珍稀茶种——白叶1号一芽二叶初展为原料，由10多年制茶经验的师傅，根据宁波白茶工艺结合特定技艺精心制作而成，其芽叶抱折成卷、曲如钩月、绿翠镶金色，香清高持久、豆香显著，滋味鲜醇，爽口有回甘，汤色杏绿，明亮；叶底乳白、叶脉清晰色翠。

小望尖白茶

二十、四明龙尖

四明龙尖产于余姚市四明山脉之腹地——大岚镇，因创制年份时值龙年且又多采用芽尖精制而成，故名四明龙尖。

四明龙尖名茶创制于1988年，经设备更新与工艺创新后形成"鲜叶采摘、鲜叶摊放、杀青、初烘、摊凉回潮、理条、摊凉回潮、整形、匀摊整理、足火"十道制作工艺，其外形色泽翠绿、细紧略扁，香气清高持久，滋味鲜爽浓醇，汤色清澈明亮，叶底嫩绿、成朵。四明龙尖创制以来已先后夺得宁波市级名茶评比多项大奖：1991年获杭州国际茶文化节"名茶新秀"奖，1995年获第二届中国农业博览会金奖，

2000年获国际名茶评比金奖，2002年获"浙江省无公害名特优茶"称号，2002年5月获中国精品名茶博览会金奖，2007年4月获"宁波八大名茶"称号，2009年被认定为浙江省著名商标。

四明龙尖

二十一、赤岩峰茶

赤岩峰茶，主产于宁海县梁皇山赤岩山，所产赤岩峰茶为黑茶，由宁波赤岩峰茶业有限公司生产。赤岩山是云雾茶生长的绝佳环境，600米以上高山，土层深厚，优良的自然生态，形成了茶的极佳品质。《宁海县志》载："骨重耐泡，嫩绿香郁。"赤岩峰茶，经杀青、初揉、渥堆发酵、复揉、拼配、干燥等工艺制成，外形平整，色泽褐亮，香气纯正，汤色橙亮，滋味醇和、口感独特，产品主销青海、新疆、甘肃、内蒙古等地。

赤岩峰砖茶

第十章 ◎ 茶叶企业

第一节　茶企的出现

唐宋时期，宁波茶业已较发达，陆羽《茶经·八之出》已有记载。18世纪（1702），英国商人就来浙江舟山（当时属宁波辖地）设立贸易站收购珠茶。1842年8月，《南京条约》签订，宁波被列为五口通商口岸之一，当年就有茶叶出口。由于茶业的发展，茶行、茶栈大量出现，雇工拣茶、制茶现象十分普遍。19世纪70年代初期，宁波烤茶及拣茶的男工和女工的人数约有9 450人，平均每一行雇有355名工人，由此可知，宁波的茶行共有近30家。茶行所雇男工主要来自安徽，女工来自绍兴附近。外来茶商上山设庄收购毛茶，因此"茶号"产生，茶贩增加。

民国时期，茶叶由茶号、茶栈（茶厂）经营，平水帮茶栈在宁波区域主要分布如下：余姚的城内、梁弄，奉化的溪口、东山、岩头，鄞县的大皎、鄞江桥、密岩。新茶上市，外地客商云集宁波，委托当地茶号、茶栈深入产地收购，或由小商小贩走村串户收购后，再售给茶号、茶栈。茶贩中有的组织起了茶栈，先后有新新、亨利、同兴、同福祥、天生（在鄞县大皎），永安、三益、天成（在鄞县鄞江桥），三友（在鄞县密岩），振兴、复茂（在余姚梁弄），天一（在余姚）。在四明山，茶贩也被称为"扁担"，意即他们收购数量并不大，百斤买进，百斤卖出，在四明山北部的裘杳村，多以咸鲞换茶，担进担出，他们的经营方式，逢低吸进，短期囤积，但也能从小变大，从几担到几十担，甚至多到百担以上。民国二十二年（1933），浙江茶栈在余姚、奉化、镇海等县各有4～5家。

有关宁波茶区各县茶栈的调查，民国二十三至二十四年（1934—1935）的茶栈名录，余姚1家、奉化5家、鄞县2家。据浙江省油茶棉丝管理处茶叶部编印的《浙江省之茶厂管理》，当年宁波地区茶厂22家，具体为奉化13家，鄞县6家，余姚3家。《浙江省之茶厂管理》记述了当时办理茶叶贷款工作，有接受贷款的茶厂名录和贷款数额。

宁波茶区各县茶栈名录

余姚县				
栈名	经理	地址	民国二十三年（1934）产量（箱）	民国二十四年（1935）产量（箱）
振兴	陈饶生	梁弄	1 417	
奉化				
栈名	经理	地址	民国二十三年（1934）产量（箱）	民国二十四年（1935）产量（箱）
永兴	钱秀福	溪口	656	
天顺	董庭元	东川	1 172	937.5
萃隆	李生甫	东墺		1 344
新泰	毛寿南	溪口		627
震泰	李国宾	东墺		1 172.5
鄞县				
栈名	经理	地址	民国二十三年（1934）产量（箱）	民国二十四年（1935）产量（箱）
永安	傅介如	鄞江桥	1 513	1 273
亨利	诸奎星	大皎		533

宁波地区茶厂名录和贷款数额表

单位：元

奉化			
厂名	贷款金额	厂名	贷款金额
震泰	6 000	四明	5 000
馀顺	6 000	和顺	5 000
福利	9 000	萃隆	7 500

（续）

奉化			
厂名	贷款金额	厂名	贷款金额
震昌	9 000		
永兴	5 000	小计	52 500
余姚			
厂名	贷款金额	厂名	贷款金额
慎大	9 600	小计	9 600

民国二十九年（1940）3月，浙江省政府为进一步加强茶叶统制，颁布《浙江省茶叶管制办法大纲》，本省境内经营茶叶之茶厂、茶行、茶贩、水客、内销茶叶商号，承办茶叶仓运之运输商号，均须经管理处登记合格后，可得营运，其营运受管理处管制。经浙江省油茶棉丝管理处核准登记的茶厂暨合作茶厂21家（余姚4家，奉化14家，镇海3家），茶行41家（鄞县10家，奉化4家，余姚5家，镇海22家），茶农合作社1家（镇海）。

第二节　茶叶生产企业的发展

新中国成立初，精制茶厂一家不存。1952年，余姚、镇海等地建立初制所41处。1958年，全市有初制茶厂103家。1978年，全市茶叶精制厂3家，年加工能力3 000吨。1987年，乡、村、场办精制茶厂30家，年加工能力2万吨，其中主产珠茶精制厂12家，红茶精制厂4家，花茶及原料精制厂14家。1990年，茶叶初制厂1 194家，置各种初制机械8 251台，其中杀青机2 000台、揉捻机2 000台、二青机700台、炒干机2 670台、烘干机480台、萎凋槽150台，年生产能力1.5万吨以上。1990年，精制茶厂37家，年加工能力3万吨，其中主产珠茶精制厂16家，红茶精制厂2家，花茶及原料精制厂19家。1995年，全市关停精制茶厂22家（加工能力7 000吨），其中乡镇村场精制厂18家。2007年，全市完成食品质量标准（QS）认证和初制茶厂改造94家，其中获得QS证书78家、出口茶初制厂16家。2019年，全市实行SC证书的企业约150家，涵盖了具有一定规模名优茶生产单位，通过无公害认证企业57家，绿色食品（茶叶）认证企业18家，有机茶认证企业20余家，初制茶厂580余家，精深加工企业16家，国营茶企包括宁波福泉山茶场、浙江省宁海茶厂、奉化县茶场、余姚茶场、茶山林场等。2020年省级生态茶园示范基地13家，宁波市农业龙头企业12家，宁波市出口茶备案企业11家。

宁波福泉山茶场茶园

省级生态茶园示范基地

年份	单位	创建规模（亩）
2018	宁波福泉山茶场	1 100
	宁波俞氏五峰农业发展有限公司	520
	奉化区南山茶场	1 000
2019	宁波市鄞州大岭农业发展有限公司	525
	宁波市奉化雨易茶场	367
	余姚市屹立茶厂	420
	宁海县望府茶业有限公司	658
2020	宁波市五龙潭茶业有限公司	212
	鄞州塘溪董山茶艺场	300
	奉化利源农业开发有限公司	210
	余姚市杨杰园艺场	210
	宁海县桑洲茶场	200
	象山县高登洋茶场	400

2020年度茶叶市级农业龙头企业

区县（市）	企业名称
北仑	宁波同益茶业有限公司
慈溪	慈溪市茶叶有限公司
鄞州	宁波福泉山茶场
奉化	宁波市奉化区香茗茶厂
海曙	宁波市五龙潭茶业有限公司
宁海	宁波赤岩峰茶业有限公司
宁海	宁波望海茶业发展有限公司
宁海	宁海县望府茶业有限公司
鄞州	浙江可耐尔食品有限公司
余姚	余姚瑞龙茶业有限公司
余姚	宁波卡特莱茶业有限公司
余姚	余姚市华通茶厂

2018年宁波市出口茶备案企业名录表

企业名称	企业地址
慈溪市茶叶有限公司	慈溪市绿色农产品加工基地南园路
宁波江北华泰茶叶拼配厂	江北区开元路
余姚市华通茶厂	余姚市经济开发区南区振兴西路
宁波神龙茶业有限公司	余姚市西北街道姚西工业区
宁波卡特莱茶业有限公司	余姚市陆埠镇干溪村
余姚市春迪茶业有限公司	余姚市市兴业路
浙江可耐尔食品有限公司	鄞州区首南街道萧皋西路
宁波春茗茶业有限公司	鄞州区东钱湖旅游度假区
奉化区香茗茶厂	奉化区尚田镇条宅村
象山茶飘香茶牧发展农场	象山县涂茨镇泊戈洋村
宁波舜伊茶业有限公司	余姚市城南潭家岭

宁波市名优茶占据茶产业主导地位，积极推进名优茶品牌战略，形成以宁波望海茶业发展有限公司、宁海县望海岗茶场等为市场主体的"望海茶"生产集群，余姚市屹立茶厂、余姚市四窗岩茶业有限公司、余姚市夏巷荣夫茶厂、宁波黄金韵茶业科技有限公司等为市场主体的"余姚瀑布仙茗"生产集群，宁波市奉化区雪窦山茶叶专业合作社为品牌管理和市场主体的"奉化曲毫"生产集群，象山半岛仙茗茶叶专业合作社等为市场主体的"半岛仙茗"生产集群，宁波市鄞州太白滴翠茶叶专业合作社为市场推广和经营主体

宁波望海茶业发展有限公司

余姚市屹立茶厂

宁波市奉化区雪窦山茶叶专业合作社

宁波市北仑孟君茶业有限公司

宁海县望府茶业有限公司茶园

的"太白滴翠"生产集群，宁波市海曙区它山堰茶叶专业合作社为市场推广主体的"它山堰"茶生产集群等；涌现出一批企业品牌，"东海龙舌"（宁波福泉山茶场生产），"三山玉叶"（宁波市北仑孟君茶业有限公司生产），"望府茶"（宁海县望府茶业有限公司生产）等。

宁波多茶类生产企业快速发展，粉茶生产企业宁波御金香抹茶科技有限公司，前身为成立于2001年1月的余姚珠茶厂，在宁波建立1.5万余亩茶园基地，建有抹茶原料碾茶流水线30条，100台抹茶碾磨设备，9 000米³冷库，年产能超过700吨抹茶。黑茶生产企业宁波赤岩峰茶业有限公司前身是宁海县砖茶厂，生产的"宁"字牌茯砖茶，主销青海、新疆、甘肃、内蒙古等地，2012年经国家民委、财政部、中国人民银行联合批准为"全国民族特需品定点生产企业"。

宁波御金香抹茶科技有限公司及生产的产品

宁波赤岩峰茶业有限公司

第三节　茶叶机械生产企业

宁波市姚江源机械有限公司创办于2009年，是集研发、设计、制造、销售、服务于一体的茶叶加工高端装备和解决方案供应商。公司专注于电磁加热技术在茶叶加工领域中的应用研究与创新，开发出电磁加热杀青机系列、数控燃油烘干机系列、揉捻分配系统和机组、连续摊青萎凋机、茶鲜叶分级机等，目前所研发的各类产品占全国电磁加热茶叶加工装备市场的90%以上。

宁波市姚江源机械有限公司

第四节　茶叶专卖店（茶馆）

　　唐时茶叶贸易已较兴盛。宋代，水平地区有茶叶贸易集市，茶坊、茶楼、茶店开设于城市乡镇。民国时，城区有周恒升、周成泰、王日茂等茶叶铺50余家，据民国二十四年（1935）茶叶店调查资料，余姚有6家茶叶店。安徽会馆（今仓水街东段，古称茶场庙）内设茶叶市场，每日有市。民国二十九年（1940），经浙江省油茶棉丝管理处核准登记内销茶叶商店18家，奉化2家、鄞县8家、镇海6家、宁海2家。1958年8月，国务院规定茶叶为国家收购的二类农副产品，实行计划收购，任何机关团体和个人都不得直接到生产单位采购，不准自由销售。1985年1月，中共中央、国务院印发《关于进一步活跃农村经济的十项政策》，规定"取消统购派购以后，农产品不受原来经营分工的限制，实行多渠道直接流通……"所有茶叶内、外销彻底放开，茶叶进入多渠道销售时代，茶叶专卖店（茶馆）迎来全面发展。

2020年，通过大众点评输入"茶庄"找到871个相关商铺，输入"茶馆"找到868个相关商铺，其中奉化曲毫·茶书院集图书馆与茶馆为一体，赋能休闲娱乐、商务洽谈、文化交流，自有茶山、茶厂源头，线上线下的多渠道茶叶礼品销售。越来越多的年轻人成了茶叶、茶馆的消费主力，茶叶专卖店和茶馆要求更加专业和讲究，各地茶馆模式多样，已经有24小时无人值守茶馆。

余姚市茶叶店名录

牌号	经理	帮别	地址	牌号	经理	帮别	地址
震裕	胡积裕	徽	新建路	恒大	姚福禄	徽	新建路
震丰	胡积裕	徽	新建路	振茂	王培良	绍	南城
裕泰	王华山	徽	新建路	震大	冯善志	绍	南城

奉化曲毫连锁店名录

序号	连锁店名称	地址
1	奉化曲毫文化广场店	鄞州区中山东路 1999 号文化广场 B2-106
2	奉化曲毫银泰店	鄞州区中山东路 2266 号宁波东部银泰 121-1、122-1（4 号门）
3	奉化曲毫杉杉国贸店	鄞州区海晏北路 681 弄 8 号 1-3 国贸领寓 1 楼
4	奉化曲毫莲桥第旗舰店	海曙区毛衙街 21 号 1-2
5	奉化曲毫恒一广场店	海曙区碶闸街 9 号 1 层 01-08 商铺
6	奉化曲毫宝龙商业广场店	鄞州区中河街道宝龙商业广场 13-14 号

BOSS LOUNGE茶馆名录

名称	服务模式	地址
BOSS LOUNGE茶馆鼓楼店	24小时无人值守	海曙区鼓楼步行街2楼（公园路26弄72号）
BOSS LOUNGE茶馆天合店	24小时无人值守	云飞路天合财汇中心54号
和邦店	—	鄞州万达广场（嵩江中路518弄38号）

大众点评搜索前10茶庄名录

序号	茶庄（茶馆）名称	地址
1	宋庭国风生活空间	慈城镇民权路207号
2	勿念茶馆	惊驾路672号31弄
3	涌宏堂	鄞州区宏泰广场1楼
4	汐愿茶会馆	海曙区月湖盛园带河巷3楼
5	云人访·中国茶味	海曙月湖金汇小镇锦里巷5号
6	合寂堂	东钱湖环城东路韩岭老街49号
7	茶述隐室	鄞州区康泰中路嘉美大厦807
8	兰缘居茶会馆	海曙区月湖盛园盛园巷2号
9	第二空间	鄞州区周公庙街道惠江路90-92
10	清源茶馆（月湖盛园店）	海曙区解放南路月湖盛园带河巷33号

奉化曲毫·茶书院

第十一章◎茶事活动

第一节　中国（宁波）国际茶文化节

宁波国际茶文化节始创于2004年，2005年举行第二届，自2006年起，每逢双数年份举办一届，2020年因为新冠疫情停办，已成功举办九届。

历届宁波国际茶文化节，由中国国际茶文化研究会、中国茶叶流通协会、中国茶叶学会、浙江省农业厅和宁波市人民政府联合主办，市林业局、市农业局、市供销社、宁波茶文化促进会等单位联合承办，并根据举办当年实际情况可与有关活动合办。它是宁波市唯一一个以市政府名义主办的经贸型农业节庆活动。

宁波国际茶文化节始终秉承"发展茶产业、弘扬茶文化、促进茶经济"的办节原则，倡导"茶为国饮"的文明理念，以展示展销、经贸洽谈、茶艺文化、评优评奖四大类活动为载体，根据形势不断创新、

中国（宁波）国际茶文化节

增减，已经形成了宁波国际茶业博览会、宁波国际茶文化节经贸洽谈会、"中绿杯"中国名优绿茶评比、宁波茶艺大赛、明州茶论、茶文化"四进"六大品牌活动，在行业内已经具有较高的知名度，自2006年第三届宁波国际茶文化节起，先后荣获2006年度中国十大物品类节庆、2007—2008年度中国（茶业）最具影响力的专业品牌展会、新世纪十年·中国节庆活动杰出典范奖、2011—2012年度中国十大品牌节庆活动、宁波市优秀节庆项目、2013—2014年度中国十佳专业特色展会等荣誉称号。

宁波国际茶业博览会是大型茶业产品展示展销活动，集中展示宁波、全国以及境外各类名优茶叶、茶具、茶器、茶食、茶包装、茶书画、茶叶深加工产品以及宁波市农产品，其展品种类之丰富、展厅布置之档次在全国同类展会中均居前列，历次展会期都吸引了大量市民和专业采购商光顾。

宁波国际茶业博览会

宁波国际茶文化节经贸洽谈会是宁波市目前唯一纯粹的农业类经贸洽谈活动，通过编制招商手册、举办推介会、项目签约等形式开展农业经贸活动。经过多年培育，已经发展成为对外展示宁波市农业发展成果、权威发布宁波市农业招商信息、促进宁波市农业对外贸易的平台。

经贸洽谈会

　　"中绿杯"中国名优绿茶评比是我国绿茶领域内级别高、规模大、权威性强的全国性评比活动，由中国茶叶流通协会授权永久落户宁波，与宁波国际茶文化节同期举行，参评茶样覆盖全国各大小绿茶产区。评奖结果通过专业媒体进行发布并报各省、自治区、直辖市茶叶主管部门，使"中绿杯"评比结果成为评判茶叶品质的重要依据。

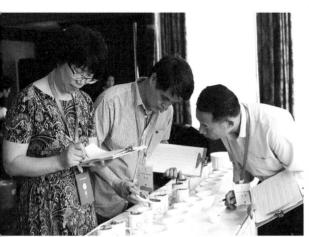

"中绿杯"中国名优绿茶评比

宁波茶艺大赛源自2006年第三届宁波国际茶文化节，最初是宁波范围内茶艺爱好者、茶艺从业者交流技艺的赛事活动，后与国家茶艺师职业资格考试结合起来，参赛面扩至全省，在社会上的影响日渐增强，为茶艺行业培养、提供了一批具有专业知识、技艺精湛的人才，少儿茶艺得到广大儿童、家长和学校的喜欢和支持。

明州茶论是一项专业性茶文化、茶产业论坛，由宁波茶文化促进会、宁波东亚茶文化研究会主办。每次论坛均设一个主题，2011年的研讨会主题是"科学饮茶益身心"，对科学饮茶、茶与健康作了深入研讨。从2012年开始，在原来侧重于茶文化研讨的基础

宁波茶艺大赛

上，经济与文化并重，设立"明州茶论"。首届"明州茶论"主题为"茶产业品牌整合与品牌文化"。2013年第二届"明州茶论"主题为"海上茶路·甬为茶港"，会上通过了《"海上茶路·甬为茶港"研讨会共识》。2014年与浙江大学茶学系联办第三届"明州茶论"，研讨会主题为"茶产业转型升级与科技兴茶"。2015年，第四届"明州茶论"研讨会主题为"越窑青瓷与玉成窑"。越窑青瓷与玉成窑紫砂器是宁波茶具的两张金名片，在浙江乃至全国陶瓷界均有重要地位，藏品受到海内外追捧，其中越窑青瓷也是历史上海上茶路的主要商品。2016年5月，由全国人大常委会原副委员长、中国文化院院长许嘉璐主导创办的第三届茶文化高峰论坛，在宁波举办，论坛主题为"'一带一

明州茶论

路'与茶文化"。2017年5月，举办了"影响中国茶文化历史之宁波茶事"研讨会。2018年5月，举办了"新时代宁波茶文化传承与创新国际学术研讨会"。2019年5月，"明州茶论"研讨会主题为"'茶庄园''茶旅游'与宁波茶史茶事"。上述主题研讨会，大多有日本、韩国、澳大利亚等多国以及中国台湾、香港、澳门专家、学者与会，其中日本先后有十多位专家、学者撰写论文，多数研讨会文集由中国农业出版社等公开出版，少数作为大会文件印发。通过明州茶论这一平台，宁波丰富悠久的茶文化历史得以推广，论证出宁波是我国"海上茶路"启航地，形成了《宁波茶业宣言》《"海上茶路·甬为茶港"研讨会共识》《禅茶东传宁波缘》等一批文献。

茶文化"四进"包括进社区、进学校、进企业、进机关，是弘扬茶文化、倡导"茶为国饮"的重要宣传手段。茶文化"四进"活动丰富了市民业余文化生活，宣传、普及了茶业知识，在市民中掀起了一股"识茶、爱茶、懂茶"的热潮，同时也促进了茶叶消费。

历届宁波国际茶文化节还根据实际情况配置各种外围活动，如茶文化旅游、茶文化知识竞赛、各种专项推介会和会议、"禅·茶·乐"茶会、世界禅茶大会等活动，在城乡营造出浓郁的茶文化氛围，让人们共享中华茶文化。

茶文化"四进"活动

　　多年来，宁波国际茶文化节组委会不断根据形势调整办节策略，坚持热烈、节俭原则，务求实效，从最开始的政府大包大揽办节逐渐探索市场化办节途径，到第七届茶文化节，茶业博览会已基本实现市场化运作，通过公开招标确定执行承办。组委会积极简化开幕式等仪式性活动，厉行节约，务求实效，令主体活动更加突出，节庆氛围更加浓厚，经济效益、社会效益更加突出。

中国（宁波）国际茶文化节基本情况表

名称	时间	主要内容	地址
2004中国·宁波国际茶文化节暨宁波农业博览会	2004年4月29日至5月3日	展示展销、"中绿杯"评比、国际茶叶发展论坛、茶道茶艺展示、名茶名馆活动	宁波国际会展中心
第二届中国宁波国际茶文化节	2005年4月17—19日	展示展销、"中绿杯"评比、茶博院开院典礼及首发式	亚细亚展览馆广场
第三届中国宁波国际茶文化节	2006年4月24—27日	展示展销、评优评奖、商贸洽谈、峰会论坛、茶艺文化	市文化展览中心和茶博院
第四届宁波国际茶文化节暨第三届浙江绿茶博览会	2008年4月25—28日	展示展销、商贸洽谈、茶艺文化、评优评奖、专家论坛	市国际会展中心
第五届中国宁波国际茶文化节暨第五届世界禅茶文化交流会	2010年4月24—26日	展示展销、商贸洽谈、茶艺文化、评优评奖、禅茶交流	宁波国际会议展览中心
第六届中国宁波国际茶文化节	2012年4月28—30日	展示展销、经贸洽谈、茶艺文化、评优评奖	宁波国际会议展览中心
第七届中国宁波国际茶文化节	2014年5月9—12日	展示展销、经贸洽谈、茶艺文化、评优评奖	宁波国际会议展览中心
第三届两岸四地茶文化高峰论坛暨第八届中国宁波国际茶文化节	2016年5月6—9日	展示展销、评优评奖、文化旅游	宁波国际会议展览中心
第九届中国宁波国际茶文化节"海曙杯"首届中国家庭茶艺大赛	2018年5月3—6日	展示展销、名茶评比、茶艺大赛、文化旅游	宁波国际会议展览中心
第十届宁波茶业博览会	2019年5月3—6日	茶产品展示展销、茶文化传播体验	宁波国际会议展览中心

第二节 "中绿杯"全国名优绿茶 产品质量推选活动

"中绿杯"全国名优绿茶产品质量推选活动由中国国际茶文化研究会、中国茶叶流通协会、中国茶叶学会、浙江省农业农村厅和宁波市人民政府联合主办，邀请国内茶叶行业权威单位选派茶叶感官审评人员组成专家组，参照《茶叶感官审评方法》(GB/T 23776)等现行标准，对全部有效样品进行综合评审拟定评比结果，经组委会确认后予以公布。

第一届"中绿杯"名优绿茶评比活动收到11个省、自治区、直辖市的211个有效样品，推选金奖名茶50个，其中宁波12个。

第一届"中绿杯"名优绿茶评比金奖名茶宁波市获奖名单

金奖名茶	选送单位
奉化曲毫	宁波奉化市雪窦山名茶产销合作社
海和森玉叶	宁波海和森食品有限公司
梅山云雾	宁波市鄞州梅峰云雾茶业有限公司
白茶	宁波市江北区绿茗白茶有限公司
瀑布仙茗	余姚市余姚瀑布仙茗茶叶专业合作社
三山玉叶	宁波市北仑孟君茶业有限公司
裕竺茶	宁海县天顶山茶场
天池翠	象山天池翠茶业有限公司
灵峰茶	奉化市天茸茶叶专业合作社
奉化曲毫	奉化市茶业协会
平平顶芽茶	慈溪市平平顶茶叶有限公司
望海茶	宁波望海茶业发展有限公司

第二届"中绿杯"名优绿茶评比活动收到5个省份108个有效茶样，推选金奖名茶26个，其中宁波19个。

第二届"中绿杯"名优绿茶金奖名茶宁波市获奖名单

金奖名茶	企业名称
灵峰茶	奉化市天茸茶叶专业合作社
凤溪白茶	宁波市江东凤溪茶厂
三山玉叶	宁波市北仑孟君茶业有限公司
宁波白茶	宁波白茶研究会、奉化市雪窦山名茶产销合作社
七顶玉叶	宁波大榭开发区玉峰茶场
奉化早芽	奉化市西坞茶叶良种示范繁育场
望府银毫	宁海县望府茶业有限公司
武岭茶	浙江奉化市裘村雄峰茶场
望海茶	宁海县茶业协会
它山堰白茶	鄞州区鄞江镇农村经济综合开发服务公司
钱湖春	宁波兴甬茶庄（东钱湖茶场）
仙芽	宁波奉新茶业有限公司
慈溪南茶	慈溪市横河镇童岙茶场
海和森玉叶	宁波海和森食品有限公司
云绿茅尖	宁海县深圳镇赤峰山云绿茶场
裕竺茶	宁海县天顶山茶场
达蓬山茶	慈溪市达蓬山望府茶场
平平顶芽茶	慈溪市平平顶茶叶有限公司
白茶	宁波磊森茶业有限公司

第三届"中绿杯"名优绿茶评比活动收到8个省份207个有效茶样，推选金奖名茶38个，其中宁波15个。

第三届"中绿杯"名优绿茶金奖名茶宁波市获奖名单

金奖名茶	企业名称
妙手牌天赐玉叶	宁波市北仑天赐茶业有限公司
天池翠	象山天池翠茶业有限公司
三山白茶	宁波市北仑孟君茶有限公司
望海峰牌望海茶	宁波望海茶业发展有限公司
华茗龙井	宁波华茗茶业有限公司
安岩茶	奉化市灵峰茶叶专业合作社
雪窦山牌奉化曲毫	奉化市茶业协会
它山堰白茶	宁波市鄞州区鄞江镇农村经济综合开发公司
望府茶	宁海县望府茶业有限公司
宁波印雪白茶	宁波白茶研究会　奉化市西坞茶叶良种示范繁育场
德氏家牌余姚瀑布仙茗	余姚市瀑布仙茗茶叶产销合作社 余姚市三七市镇德氏家茶场
四明龙尖	余姚市大岚镇四明龙尖名茶开发有限公司
戚家山牌白茶	宁波戚家山茶叶有限公司
南峰香茗	宁波市象山县南峰茶牧发展农场
云绿茅尖	宁海县深圳镇赤峰山云绿茶场

第四届"中绿杯"名优绿茶评比活动收到11个省份314个有效茶样，推选金奖名茶70个，其中宁波21个。

第四届"中绿杯"名优绿茶金奖名茶宁波市获奖名单

金奖名茶	选送单位
MENGJUN牌三山玉叶	宁波市北仑孟君茶业有限公司
妙手牌天赐银白	宁波市北仑天赐茶业有限公司

金奖名茶	选送单位
它山堰牌它山堰绿茶	宁波市鄞州区鄞江镇农村经济综合开发服务公司
望海峰牌望海茶	宁海县茶业协会
滕头牌滕头茶	奉化市滕头茶叶专业合作社
贵雅牌天恩翠茗	宁波市北仑天恩茶业有限公司
白水缘牌瀑布仙茗	余姚市梁弄镇白水冲茶厂
望府牌望府茶	宁海县望府茶业有限公司
MENGJUN牌三山白茶	宁波市北仑孟君茶业有限公司
东海玉叶牌东海玉叶	宁波市北仑区东海春晓茶叶合作社
雪窦山牌奉化曲毫	奉化市雪窦山茶叶合作社
千蕊牌鄞州春	宁波市鄞州区董山茶艺场
鹿沁牌余姚春	余姚市鹿亭乡云河茶场
观峰牌桑州早茶	宁海县跃龙茶业合作社
达蓬山牌达蓬山茶	慈溪市达蓬山望府茶场
春雾牌云绿茅尖	宁海县深圳赤峰山云绿茶场
孙氏磊森牌白茶	宁波市江东磊森茶叶有限公司
它山堰牌它山堰白茶	宁波市鄞州区鄞江镇农村经济综合开发服务公司
天下玉苑牌玉苑茶	余姚市大隐镇美人峰茶厂
澄深牌双尖香茗	宁海九鼎农业科技有限公司
秦香春牌秦香春白茶	宁波市镇海秦山春毫茶场

第五届"中绿杯"名优绿茶评比活动收到11个省份273个有效茶样，推选金奖名茶50个，其中宁波17个。

第五届"中绿杯"名优绿茶金奖名茶宁波市获奖名单

金奖名茶	选送单位
望海茶	宁海县茶业协会
印雪白牌宁波白茶	宁海县桥头胡兰茗良种茶场 宁波市白化茶叶专业合作社
MENGJUN牌三山玉叶	宁波市北仑区孟君茶业有限公司
岳峰山茶	宁海县深甽太阳山茶场
金鹅仙草牌它山堰绿茶	宁波市鄞州梅峰云雾茶业有限公司
它山堰白茶	宁波市鄞州区它山堰茶叶专业合作社
雪窦山牌奉化曲毫	奉化市雪窦山茶叶专业合作社
沁绿牌余姚瀑布仙茗	余姚市沁绿名茶有限公司
春晓玉叶	宁波海和森食品有限公司
四明春露牌余姚瀑布仙茗	余姚市屹立茶厂（余姚市瀑布仙茗茶叶专业合作社）
望海峰牌望海茶	宁波望海茶业发展有限公司
滴水雀顶牌安岩寺白茶	奉化市尚田镇雾云岩茶场
秦香春牌白茶	宁波市镇海区九龙湖镇秦山春毫茶场
贵雅牌金枝玉叶	宁波市北仑天恩茶业有限公司
东海龙舌	宁波市鄞州区福泉山茶场
天池翠茶	象山天池翠茶业有限公司
达蓬山茶	慈溪市达蓬山望府茶场

　　第六届"中绿杯"名优绿茶评比活动收到11个省份267个有效茶样，推选金奖名茶50个，其中宁波20个。

第六届"中绿杯"名优绿茶金奖名茶宁波市获奖名单

金奖名茶	选送单位
明州仙茗·白茶	宁波市明州仙茗茶叶合作社
甬茗大岭白茶	宁波市鄞州大岭农业发展有限公司
望海峰牌望海茶	宁波望海茶业发展有限公司
弥勒白茶	奉化市香茗中心茶行
望府茶	宁海县望府茶业有限公司
沁绿牌余姚瀑布仙茗	余姚市沁绿名茶有限公司
明州仙茗·芽茶	宁波市明州仙茗茶叶合作社
兰茗茶	宁海县桥头胡兰茗良种茶场
天一阁白茶	宁波明州茶业发展有限公司
七顶玉叶	宁波大榭开发区玉峰茶场
金鹅仙草	宁波茶马古道旅游开发有限公司
余姚瀑布仙茗	余姚市屹立茶厂
五狮野茗	象山茅洋南充茶场
它山堰绿茶	宁波市鄞州区它山堰茶叶专业合作社
贵雅牌金枝玉叶	宁波市北仑天恩茶业有限公司
平平顶芽茶	慈溪市明茗茶业有限公司
雪窦山牌弥勒禅茶	奉化市雪窦山茶叶专业合作社
雪窦山牌奉化曲毫	奉化市雪窦山茶叶专业合作社
滕头白茶	奉化市滕头茶叶专业合作社
三山玉叶	宁波市北仑孟君茶业有限公司

第七届"中绿杯"名优绿茶评比活动收到17个省份386个有效茶样，推选金奖名茶77个，其中宁波22个。

第七届"中绿杯"名优绿茶金奖名茶宁波市获奖名单

金奖名茶	选送单位
澄深牌双尖白茶	宁海县双峰乡海云茶场
雪窦山牌弥勒白茶	奉化市雪窦山茶叶专业合作社
滕头牌滕头白茶	奉化市滕头茶叶专业合作社
四窗岩牌瀑布仙茗	余姚市四窗岩茶叶有限公司
海和森牌春晓玉叶	宁波海和森食品有限公司
东海龙舌	宁波市鄞州区福泉山茶场
它山堰绿茶	宁波市鄞州区它山堰茶叶专业合作社 宁波市鄞州白兰山果木场
兰茗茶	宁海县桥头胡兰茗良种茶场
香骏牌瀑布仙茗	余姚珠茶厂
四明春露牌瀑布仙茗	余姚市屹立茶厂
岳峰山绿茶	宁海县清隐茶叶专业合作社
望府绿茶	宁海县跃龙茶业专业合作社
望海峰牌望海茶	宁海县茶业协会
沁绿牌瀑布仙茗	余姚市沁绿名茶有限公司
三山玉叶	宁波市北仑孟君茶业有限公司
绿之萌牌南峰香茗	象山南峰茶牧发展农场
贵雅牌金枝玉叶	宁波市北仑天恩茶业有限公司
象山天茗	象山天茗茶叶专业合作社
雪窦山牌奉化曲毫	奉化市雪窦山茶叶专业合作社
它山堰牌五龙明珠	宁波市五龙潭茶业有限公司
雪窦山牌奉化曲毫	奉化市南山茶场
明州仙茗	宁波市明州仙茗茶叶合作社

第八届"中绿杯"名优绿茶评比活动收到18个省份374个有效茶样，推选金奖名茶74个，其中宁波18个。

第八届"中绿杯"名优绿茶金奖名茶宁波市获奖名单

金奖名茶	选送单位
烛湖牌童岙野茶	慈溪市横河镇童岙茶场
烛湖牌慈溪南茶	慈溪市子陵茶叶专业合作社
望海峰牌望海茶	宁波望海茶业发展有限公司
古河姆牌瀑布仙茗	余姚市河姆渡镇金吾庙茶场
沁绿牌瀑布仙茗	余姚市沁绿名茶有限公司
舜之雾牌瀑布仙茗	余姚市夏巷荣夫茶厂
铜岭岗牌铜岭茶	宁海县桥头胡铜岭岗良种茶场
绿之萌牌半岛仙茗	象山半岛仙茗茶业发展有限公司
大明园牌弥嘞玉叶	奉化市香茗中心茶行
七千春牌河姆渡原始野茶	余姚市河姆渡镇天峰茶厂
象山茗牌象山天茗	象山天茗茶叶专业合作社
雪窦山牌奉化曲毫	奉化市雪窦山茶叶专业合作社
五龙明珠牌它山堰绿茶	宁波市五龙潭茶业有限公司
它山堰牌御金香白茶	宁波市五龙潭茶业有限公司
天一阁牌白茶	宁波和美茶业有限公司
妙手牌天赐绿茶	宁波市北仑天赐茶业有限公司
滕头牌白茶	奉化市滕头茶叶专业合作社
滴水雀顶牌安岩白茶	奉化市滴水雀顶茶场

第九届"中绿杯"全国名优绿茶产品质量推选活动收到全国17个省（自治区、直辖市）337个有效茶样，推选金奖名茶63个，其中宁波21个。

第九届"中绿杯"全国名优绿茶产品质量推选活动金奖名茶宁波市获奖名单

金奖名茶	选送单位
兰盈白茶	宁海县桥头胡兰茗良种茶场
平园双尖白茶	宁海县桑洲茶场
三山玉叶	宁波市北仑孟君茶业有限公司
海曙白茶	宁波市海曙区它山堰茶叶专业合作社 宁波市五龙潭茶业有限公司
四明十二雷	宁波十二雷茶业有限公司
东海龙舌	宁波福泉山茶场（宁波市茶叶科学研究所）
半岛仙茗	象山县泗洲头东岙白林茶场 象山县林业特产服务中心
望府茶	宁海县望府茶业有限公司
岳峰山绿茶	宁海县深甽镇太阳山茶场
半岛仙茗	象山半岛仙茗茶业发展有限公司
望海茶	宁波俞氏五峰农业发展有限公司
太白滴翠	宁波市鄞州塘溪堇山茶艺场
东盘山玉叶	宁波北仑碧宇茶业有限公司
余姚瀑布仙茗	余姚市夏巷荣夫茶厂
望海茶	宁波望海茶业发展有限公司
太白滴翠	宁波市鄞州大岭农业发展有限公司
海曙绿茶	宁波市五龙潭茶业有限公司 宁波市海曙区它山堰茶叶专业合作社
奉化曲毫	宁波市奉化雨易茶场
奉化曲毫	宁波市奉化区雪窦山茶叶专业合作社
锦屏绿茶	宁波奉化锦屏街道茶场
尚田绿茶	宁波市奉化城南供销社有限公司

第十届"中绿杯"全国名优绿茶产品质量推选活动收到全国19个省、自治区、直辖市546个有效茶样，推选特金奖名茶83个，其中宁波18个。

第十届"中绿杯"全国名优绿茶产品质量推选活动特金奖名茶宁波市获奖名单

特金奖名茶	选送单位
雪窦山牌奉化曲毫	宁波市奉化区雪窦山茶叶专业合作社
雷雾春牌半岛仙茗	象山智门寺茶场
三山玉叶	宁波市北仑孟君茶业有限公司
奉化曲毫	宁波市奉化区南山茶场
峰景湾牌松溪香茗	宁波市奉化松岙镇峰景湾茶场
东海龙舌	宁波东钱湖旅游度假区福泉山茶场有限公司
兰盈牌望海茶	宁海县桥头胡兰茗良种茶场
望海峰牌望海茶	宁波望海茶业发展有限公司
御金香	宁波市五龙潭茶业有限公司
太白滴翠绿茶	宁波市鄞州太白滴翠茶叶专业合作社
半岛仙茗	象山半岛仙茗茶业发展有限公司
铜岭岗牌望海茶	宁海县桥头胡铜岭岗良种茶场
望府茶	宁海县望府茶业有限公司
松兰牌半岛仙茗	象山县泗洲头东岙白林茶场
半岛仙茗	象山茶飘香茶牧发展农场
太白滴翠绿茶	宁波市鄞州大岭农业发展有限公司
贵雅牌金枝玉叶	宁波市北仑天恩茶业有限公司
茶净心牌余姚瀑布仙茗	余姚市夏巷荣夫茶厂

第三节 中国国际茶叶博览会

　　一年一度的中国国际茶叶博览会是经党中央、国务院批准，由农业农村部和浙江省人民政府共同主办的国际性茶叶盛会，是迄今为止最权威、最具规模、最有影响力的茶叶盛会。宁波市林业局组织知名品牌企业，采用统一特装模式，参加茶界盛会。

中国国际茶叶博览会宁波馆

一、首届中国国际茶叶博览会

2017年5月18—21日，首届中国国际茶叶博览会在杭州国际博览中心（G20杭州峰会主会场）开幕，主题为"品茗千年，中国好茶"。宁波有12家企业参展。

二、第二届中国国际茶叶博览会

2018年5月18—22日，第二届中国国际茶叶博览会在杭州国际博览中心（G20杭州峰会主会场）开幕，主题为"茶和世界 共享发展"。宁波共有12家企业分三个展位参展。

第二届中国国际茶叶博览会金奖产品评选活动是以本届茶博会国内外参展单位或企业为申报主体的金奖评选活动，旨在进一步整合企业资源，发挥名茶效应，培育名优茶，做大做强中国茶产业，共设金奖108名，宁波4个名茶获得奖金。

第二届中国国际茶叶博览会金奖名茶宁波市获奖名单

金奖名茶	选送单位
御金香牌御金香	宁波市五龙潭茶业有限公司
望海峰牌望海茶	宁波望海茶业发展有限公司
雪窦山牌奉化曲毫	宁波市奉化区雪窦山茶叶专业合作社
均绿牌余姚瀑布仙茗	余姚市夏巷荣夫茶厂

三、第三届中国国际茶叶博览会

2019年5月15—19日，第三届中国国际茶叶博览会在杭州国际博览中心（G20杭州峰会主会场）开幕，主题为"茶和世界 共享发展"。宁波共有宁海望海茶业有限公司、余姚瀑布仙茗协会、奉化曲毫茶叶专业合作社和象山半岛仙茗茶叶专业合作社等12家单位参展。

第四节　浙江绿茶博览会

　　一年一届的浙江绿茶博览会是浙江省打造"浙江绿茶"品牌、提升茶产业综合竞争力的重要举措。自2006年以来，先后在北京、沈阳、西安、哈尔滨、南京、太原、郑州、西宁、深圳等城市举办浙江绿茶博览会，在全国茶业界产生了广泛而深远的影响，已成全国重要的绿茶茶事活动。宁波组织知名品牌和企业参加，加强市场开拓和品牌营销，区县（市）选送的余姚瀑布仙茗、望海茶、奉化曲毫等先后多次获得浙江绿茶博览会金奖产品。

浙江绿茶博览会宁波展厅

第五节　宁波名茶评比活动

宁波名茶评比活动开始于1984年，四明十二雷在1987年的评比中被评为一等。宁海第一尖在1987—1990年连续三年被评为市名茶第二名，1988—1998年参加省名茶评比，分别荣获全省第一、二名。1990年第七届名茶品评会在北仑举行，共有7县58个样品参赛，其中名茶样26种，复评名茶样8种，品种茶24种。化安瀑布、东海云雾春、裘村蟠龙茶等6种被评为一类名茶。1994年，从各地选送的18只茶样中经专家评审选出一类名茶6种，分别是北仑区农林局创制的乌岩雪、宁海林特总站创制的赤岩茶和翠香、余姚市梁辉镇径西茶场的四明玉翠、余姚市三七市镇上王的高香十二雷和余姚市河姆渡镇史门茶场的丞相绿。赤岩茶和四明玉翠已连续三年被评为一类名茶，根据规定，成为宁波市级名茶，授予证书，至此全市已拥有17种市级以上名茶。2004年开始，宁波名茶评比并入"中绿杯"全国名优绿茶产品质量推选活动。

第六节　宁波红茶评比活动

2013年，宁波市林业局举办首届红茶评比活动，选送红茶样品18种参加首届"浙茶杯"红茶评比，其中宁波福泉山茶场、宁海县望府茶业有限公司产品获银奖。同年8月，在第十届"中茶杯"全国名优茶评比中，宁海县望府茶业有限公司的望府银毫获红茶类特等奖。

2015年6月3日，宁波市林业局举办第二届红茶评比活动，全市40种名优红茶参评，获得金奖的企业包括奉化区雨易茶场、宁波市北仑天恩茶业有限公司、宁波市北仑孟君茶业有限公司、宁海县望府茶业有限公司、宁海县天顶山茶场。

2017年7月9日，宁波市林业局举办第三届红茶评比活动，获得金奖企业包括宁波五龙潭茶业有限公司、象山茅洋南充茶场、宁波市北仑孟君茶业有限公司、余姚市夏巷荣夫茶厂、宁波市鄞州大岭农业发展有限公司、宁海县天顶山茶场、余姚市姚江源茶厂、宁波俞氏五峰农业发展有限公司、宁海县望府茶业有限公司、宁海县晶源茶业专业合作社、宁海县深甽镇岭峰茶场、宁波福泉山茶场、宁波望海茶业发展有限公司、宁波市奉化雨易茶场、宁波黄金韵茶业科技有限公司。

2019年6月18日，宁波市林业局举办第四届红茶评比活动，全市45家茶叶企业、合作社、家庭农场选送64个茶样，金奖红茶产品厂包括宁波市甬正堂茶业有限公司、宁波市北仑孟君茶业有限公司、余姚市四窗岩茶叶有限公司、宁海县清隐茶叶专业合作社、宁波五龙潭茶业

宁波市红茶评比

有限公司、宁波望海茶业发展有限公司、宁波市海曙区鄞江镇国昌茶厂、宁海县深甽镇岭峰茶场、宁海县晶源茶业专业合作社、宁波市鄞

州区太白滴翠茶叶专业合作社。

　　每年春茶上市后，各地区、县（市）都会组织开展茶事活动，通过举办名优茶评比、"神奇大岚"茶文化旅游节等茶品牌、茶文化宣传推介茶事活动，提高了茶叶品牌知名度和加工水平，营造了浓郁的茶经济氛围，助推茶产业发展。

参考文献

陈一鸥，1978．浙东茶业剥削简史 [M]//浙江文史资料选辑第11期 [G]．
　　杭州：浙江人民出版社．

慈溪市农林局，1991．慈溪农业志 [M]．上海：上海科学技术出版社．

奉化市志编纂委员会，胡元福，1994．奉化市志 [M]．北京：中华书局．

顾嘉懿，2015．6000年前田螺山先民就开始种茶 [N]．宁波晚报，2015-07-01．

姜燕华，王丽鸳，成浩，等，2019．茶树望海茶1号生态适应性及其制茶品质
　　[J]．浙江农业科学（10）：1791-1792．

乐承耀，2013．宁波农业志 [M]．宁波：宁波出版社．

罗列万，唐小林，叶阳，等，2015．名优绿茶连续自动生产线装备与使用技术
　　[M]．北京：中国农业科学技术出版社．

宁波茶文化促进会，2006．宁波：海上茶路起航地 [G]．香港：中国文化出版社．

《宁波林业志》编纂委员会，2016．宁波林业志 [M]．宁波：宁波出版社．

宁波市江北区地方志编纂委员会，2015．宁波市江北区志 [M]．杭州：浙江
　　人民出版社．

宁波市林业局，宁波市茶叶学会，1990．宁波茶叶 [R]．

宁波市鄞州区地方志编纂委员会，2016．宁波市鄞州区志：1978—2008 [M]．
　　杭州：浙江古籍出版社．

宁波统计局，2014．宁波统计年鉴 [M]．北京：中国统计出版社．

宁海县地方志编纂委员会，1993．宁海县志 [M]．杭州：浙江人民出版社．

阮浩耕，《浙江省茶叶志》编纂委员会，2005．浙江省茶叶志 [M]．杭州：杭
　　州人民出版社．

孙吉晶，2016．寒潮致宁波约10万亩茶园受冻　名优茶减产成定局 [OL]．中
　　国宁波网．

陶德臣，2011．清代及民国时期浙江茶叶初级市场与出口茶埠变迁 [J]．浙江
　　树人大学学报（1）：79-84．

王开荣，1998．季周期树冠培养技术及其效应［J］．中国茶叶（2）：6-8．

王开荣，2001．宁波茶业"九五"回顾与"十五"工作思路［J］．茶叶，
　　27（2）：6-8．

王开荣，2005．珍稀白茶［M］．北京：中国文史出版社．

王开荣，2008．千年流韵宁波茶宁波［M］//海上茶路与东亚茶文化研究文集
　　［G］．宁波：宁波茶文化促进会．

王开荣，李明，梁月荣，等，2014．光照敏感型白化茶［M］．杭州：浙江大
　　学出版社．

王开荣，林伟平，陈洋珠，等，2003．农村实用技术丛书·茶叶［M］．北京：
　　经济日报出版社．

王开荣，魏国梁，1995．宁波茶区的灾害性气象及减灾途径［J］．中国茶叶
　　（6）：40-41．

魏国梁，1996．宁波茶业"八五"回顾与"九五"工作思路［J］．茶叶，22
　　（1）：6-9．

吴觉农，2005．茶经述评［M］．北京：中国农业出版社．

象山县农林局，象山县农业志编纂委员会，2015．象山县农业志［R］．

杨亚军，梁月荣，2014．中国无性系茶树品种志［M］．上海：上海科学技术
　　出版社．

尹祎，刘仲华，2021．茶叶标准与法规［M］．北京：中国轻工业出版社．

余姚市地方志编纂委员会，1993．余姚市志［M］．杭州：浙江人民出版社．

俞福海，宁波市地方志编纂委员会，1995．宁波市志［M］．北京：中华书局．

俞永均，郑诗婕，樊东波，2018．去年宁波口岸茶叶出口量超4700吨［N］．
　　宁波日报，2018-01-17．

《浙江通志》编纂委员会，2020．浙江通志·茶叶专志［M］．杭州：浙江人民
　　出版社．

镇海县农业志编纂委员会，2001．镇海农业志（暨镇海区、北仑区农业志）
　　［M］．北京：中华书局．

竺济法，2009．《神异记》与《神异经》考［J］．中国茶叶（11）：34-35．

竺济法，宁波茶文化促进会，宁波东亚茶文化研究中心，2014．"海上茶路·
　　甬为茶港"研究文集［M］．北京：中国农业出版社．

附录

宁波茶文化促进会大事记（2003—2021年）

2003年

▲ 2003年8月20日，宁波茶文化促进会成立。参加大会的有宁波茶文化促进会50名团体会员和122名个人会员。

浙江省政协副主席张蔚文，宁波市政协主席王卓辉，宁波市政协原主席叶承垣，宁波市委副书记徐福宁、郭正伟，广州茶文化促进会会长邬梦兆，全国政协委员、中国美术学院原院长肖峰，宁波市人大常委会副主任徐杏先，中国国际茶文化研究会常务副会长宋少祥、副会长沈者寿、顾问杨招棣、办公室主任姚国坤等领导参加了本次大会。

宁波市人大常委会副主任徐杏先当选为首任会长。宁波市政府副秘书长虞云秋、叶胜强，宁波市林业局局长殷志浩，宁波市财政局局长宋越舜，宁波市委宣传部副部长王桂娣，宁波市城投公司董事长白小易，北京恒帝隆房地产公司董事长徐慧敏当选为副会长，殷志浩兼秘书长。大会聘请：张蔚文、叶承垣、陈继武、陈炳水为名誉会长；中国工程院院士陈宗懋，著名学者余秋雨，中国美术学院原院长肖峰，著名篆刻艺术家韩天衡，浙江大学茶学系教授童启庆，宁波市政协原主席徐季子为本会顾问。宁波茶文化促进会挂靠宁波市林业局，办公场所设在宁波市江北区槐树路77号。

▲ 2003年11月22—24日，本会组团参加第三届广州茶博会。本会会长徐杏先，副会长虞云秋、殷志浩等参加。

▲ 2003年12月26日，浙江省茶文化研究会在杭召开成立大会。

本会会长徐杏先当选为副会长，本会副会长兼秘书长殷志浩当选为常务理事。

2004年

▲2004年2月20日，本会会刊《茶韵》正式出版，印量3 000册。

▲2004年3月10日，本会成立宁波茶文化书画院，陈启元当选为院长，贺圣思、叶文夫、沈一鸣当选为副院长，蔡毅任秘书长。聘请（按姓氏笔画排序）：叶承垣、陈继武、陈振濂、徐杏先、徐季子、韩天衡为书画院名誉院长；聘请（按姓氏笔画排序）：王利华、王康乐、刘文选、何业琦、陆一飞、沈元发、沈元魁、陈承豹、周节之、周律之、高式熊、曹厚德为书画院顾问。

▲2004年4月29日，首届中国·宁波国际茶文化节暨农业博览会在宁波国际会展中心隆重开幕。全国政协副主席周铁农，全国政协文史委副主任、中国国际茶文化研究会会长刘枫，浙江省政协原主席、中国国际茶文化研究会名誉会长王家扬，中国工程院院士陈宗懋，浙江省人大常委会副主任李志雄，浙江省政协副主席张蔚文，浙江省副省长、宁波市市长金德水，宁波市委副书记葛慧君，宁波市人大常委会主任陈勇，本会会长徐杏先，国家、省、市有关领导，友好城市代表以及美国、日本等国的400多位客商参加开幕式。金德水致欢迎辞，刘枫致辞，全国政协副主席周铁农宣布开幕。

▲2004年4月30日，宁波茶文化学术研讨会在开元大酒店举行。中国国际茶文化研究会会长刘枫出席并讲话，宁波市委副书记陈群、宁波市政协原主席徐季子，本会会长徐杏先等领导出席研讨会。陈群副书记致辞，徐杏先会长讲话。

▲2004年7月1—2日，本会邀请姚国坤教授来甬指导编写《宁波茶文化历史与现状》一书。参加座谈会人员有：本会会长徐杏先，顾问徐季子，副会长王桂娣、殷志浩，常务理事张义彬、董贻安，理事

王小剑、杨劲等。

▲2004年8月18日，本会在联谊宾馆召开座谈会议。会议由本会会长徐杏先主持，征求《四明茶韵》一书写作提纲和筹建茶博园方案的意见。出席会议人员有：本会名誉会长叶承垣、顾问徐季子、副会长虞云秧、副会长兼秘书长殷志浩等。特邀中国国际茶文化研究会姚国坤教授到会。

▲2004年11月18—19日，浙江省茶文化考察团在甬考察。刘枫会长率省茶文化考察团成员20余人，深入四明山的余姚市梁弄、大岚及东钱湖的福泉山茶场，实地考察茶叶生产基地、茶叶加工企业和茶文化资源。本会会长徐杏先、副会长兼秘书长殷志浩等领导全程陪同。

▲2004年11月20日，宁波茶文化促进会茶叶流通专业委员会成立大会在新兴饭店举行，选举本会副会长周信浩为会长，本会常务理事朱华峰、李猛进、林伟平为副会长。

2005年

▲2005年1月6—25日，85岁著名篆刻家高式熊先生应本会邀请，历时20天，创作完成《茶经》印章45方，边款文字2 000余字。成为印坛巨制，为历史之最，也是宁波文化史上之鸿篇。

▲2005年2月1日，本会与宁波中德展览服务有限公司签订"宁波茶文化博物院委托管理经营协议书"。宁波茶文化博物院隶属于宁波茶文化促进会。本会副会长兼秘书长殷志浩任宁波茶文化博物院院长，徐晓东任执行副院长。

▲2005年3月18—24日，本会邀请宁波著名画家叶文夫、何业琦、陈亚非、王利华、盛元龙、王大平制作"四明茶韵"长卷，画芯总长23米，高0.54米，将7 000年茶史集于一卷。

▲2005年4月15日，由宁波市人民政府组织编写，本会具体承办，陈炳水副市长任编辑委员会主任的《四明茶韵》一书正式出版。

▲2005年4月16日，由中国茶叶流通协会、中国国际茶文化研究会、中国茶叶学会共同主办，由本会承办的中国名优绿茶评比在宁波揭晓。送达茶样100多个，经专家评审，评选出"中绿杯"金奖26个、银奖28个。

本会与中国茶叶流通协会签订长期合作举办中国宁波茶文化节的协议，并签订"中绿杯"全国名优绿茶评比自2006年起每隔一年在宁波举行。本会注册了"中绿杯"名优绿茶系列商标。

▲2005年4月17日，第二届中国·宁波国际茶文化节在宁波市亚细亚商场开幕。参加开幕式的领导有：全国政协副主席白立忱，全国政协原副主席杨汝岱，全国政协文史委副主任、中国国际茶文化研究会会长刘枫，浙江省副省长茅临生，浙江省政协副主席张蔚文，浙江省政协原副主席陈文韶，中国国际林业合作集团董事长张德樟，中国工程院院士陈宗懋，中国国际茶文化研究会名誉会长王家扬，中国茶叶学会理事长杨亚军，以及宁波市领导毛光烈、陈勇、王卓辉、郭正伟，本会会长徐杏先等。参加本届茶文化节还有浙江省、宁波市的有关领导，以及老领导葛洪升、王其超、杨彬、孙家贤、陈法文、吴仁源、耿典华等。浙江省副省长茅临生、宁波市市长毛光烈为开幕式致辞。

▲2005年4月17日下午，宁波茶文化博物院开院暨《四明茶韵》《茶经印谱》首发式在月湖举行，参加开院仪式的领导有：全国政协副主席白立忱，全国政协原副主席杨汝岱，全国政协文史委副主任、中国国际茶文化研究会会长刘枫，浙江省副省长茅临生，浙江省政协副主席张蔚文，浙江省政协原副主席陈文韶，中国国际林业合作集团董事长张德樟，中国工程院院士陈宗懋，中国国际茶文化研究会名誉会长王家扬，中国茶叶学会理事长杨亚军，以及宁波市领导毛光烈、陈勇、王卓辉、郭正伟，本会会长徐杏先等。白立忱、杨汝岱、刘枫、王家扬等还为宁波茶文化博物院剪彩，并向市民代表赠送了《四明茶韵》和《茶经印谱》。

▲2005年9月23日，中国国际茶文化研究会浙东茶文化研究中心成立。授牌仪式在宁波新芝宾馆隆重举行，本会及茶界近200人出席，中国国际茶文化研究会副会长沈才土、姚国坤教授向浙东茶文化研究中心主任徐杏先和副主任胡剑辉授牌。授牌仪式后，由姚国坤、张莉颖两位茶文化专家作《茶与养生》专题讲座。

2006年

▲2006年4月24日，第三届中国·宁波国际茶文化节开幕。出席开幕式的有全国政协副主席郝建秀，浙江省政协副主席张蔚文，宁波市委书记巴音朝鲁，宁波市委副书记、市长毛光烈，宁波市委原书记叶承垣，市政协原主席徐季子，本会会长徐杏先等领导。

▲2006年4月24日，第三届"中绿杯"全国名优绿茶评比揭晓。本次评比，共收到来自全国各地绿茶产区的样品207个，最后评出金奖38个，银奖38个，优秀奖59个。

▲2006年4月24日，由本会会同宁波市教育局着手编写《中华茶文化少儿读本》教科书正式出版。宁波市教育局和本会选定宁波7所小学为宁波市首批少儿茶艺教育实验学校，进行授牌并举行赠书仪式，参加赠书仪式的有徐季子、高式熊、陈大申和本会会长徐杏先、副会长兼秘书长殷志浩等领导。

▲2006年4月24日下午，宁波"海上茶路"国际论坛在凯洲大酒店举行。中国国际茶文化研究会顾问杨招棣、副会长宋少祥，宁波市委副书记郭正伟，宁波市人民政府副市长陈炳水，本会会长徐杏先等领导及北京大学教授滕军、日本茶道学会会长仓泽行洋等国内外文史界和茶学界的著名学者、专家、企业家参会，就宁波"海上茶路"启航地的历史地位进行了论述，并达成共识，发表宣言，确认宁波为中国"海上茶路"启航地。

▲2006年4月25日，本会首次举办宁波茶艺大赛。参赛人数有

150余人，经中国国际茶文化研究副秘书长姚国坤、张莉颖等6位专家评选，评选出"茶美人""茶博士"。本会会长徐杏先、副会长兼秘书长殷志浩到会指导并颁奖。

2007年

▲2007年3月中旬，本会组织茶文化专家、考古专家和部分研究员审定了大岚姚江源头和茶山茶文化遗址的碑文。

▲2007年3月底，《宁波当代茶诗选》由人民日报出版社出版，宁波市委宣传部副部长、本会副会长王桂娣主编，中国国际茶文化研究会会长刘枫、宁波市政协原主席徐季子分别为该书作序。

▲2007年4月16日，本会会同宁波市林业局组织评选八大名茶。经过9名全国著名的茶叶评审专家评审，评出宁波八大名茶：望海茶、印雪白茶、奉化曲毫、三山玉叶、瀑布仙茗、望府茶、四明龙尖、天池翠。

▲2007年4月17日，宁波八大名茶颁奖仪式暨全国"春天送你一首诗"朗诵会在中山广场举行。宁波市委原书记叶承垣、市政协主席王卓辉、市人民政府副市长陈炳水，本会会长徐杏先，副会长柴利能、王桂娣，副会长兼秘书长殷志浩等领导出席，副市长陈炳水讲话。

▲2007年4月22日，宁波市人民政府落款大岚茶事碑揭碑。宁波市副市长陈炳水、本会会长徐杏先为茶事碑揭碑，参加揭碑仪式的领导还有宁波市政府副秘书长柴利能、本会副会长兼秘书长殷志浩等。

▲2007年9月，《宁波八大名茶》一书由人民日报出版社出版。由宁波市林业局局长、本会副会长胡剑辉任主编。

▲2007年10月，《宁波茶文化珍藏邮册》问世，本书以记叙当地八大名茶为主体，并配有宁波茶文化书画院书法家、画家、摄影家创作的作品。

▲2007年12月18日，余姚茶文化促进会成立。本会会长徐杏先，

本会副会长、宁波市人民政府副秘书长柴利能，本会副会长兼秘书长殷志浩到会祝贺。

▲2007年12月22日，宁波茶文化促进会二届一次会员大会在宁波饭店举行。中国国际茶文化研究会副会长宋少祥、宁波市人大常委会副主任郑杰民、宁波市副市长陈炳水等领导到会祝贺。第一届茶促会会长徐杏先继续当选为会长。

2008年

▲2008年4月24日，第四届中国·宁波国际茶文化节暨第三届浙江绿茶博览会开幕。参加开幕式的有全国政协文史委原副主任、浙江省政协原主席、中国国际茶文化研究会会长刘枫，浙江省人大常委会副主任程渭山，浙江省人民政府副省长茅临生，浙江省政协原副主席、本会名誉会长张蔚文，本市有王卓辉、叶承垣、郭正伟、陈炳水、徐杏先等领导参加。

▲2008年4月24日，由本会承办的第四届"中绿杯"全国名优绿茶评比在甬举行。全国各地送达参赛茶样314个，经9名专家认真细致、公平公正的评审，评选出金奖70个，银奖71个，优质奖51个。

▲2008年4月25日，宁波东亚茶文化研究中心在甬成立，并举行东亚茶文化研究中心授牌仪式，浙江省领导张蔚文、杨招棣和宁波市领导陈炳水、宋伟、徐杏先、王桂娣、胡剑辉、殷志浩等参加。张蔚文向东亚茶文化研究中心主任徐杏先授牌。研究中心聘请国内外著名茶文化专家、学者姚国坤教授等为东亚茶文化研究中心研究员，日本茶道协会会长仓泽行洋博士等为东亚茶文化研究中心荣誉研究员。

▲2008年4月，宁波市人民政府在宁海县建立茶山茶事碑。宁波市政府副市长、本会名誉会长陈炳水，会长徐杏先和宁波市林业局局长胡剑辉，本会副会长兼秘书长殷志浩等领导参加了宁海茶山茶事碑落成仪式。

2009年

▲2009年3月14日—4月10日，由本会和宁波市教育局联合主办，组织培训少儿茶艺实验学校教师，由宁波市劳动和社会保障局劳动技能培训中心组织实施。参加培训的31名教师，认真学习《国家职业资格培训》教材，经理论和实践考试，获得国家五级茶艺师职称证书。

▲2009年5月20日，瀑布仙茗古茶树碑亭建立。碑亭建立在四明山瀑布泉岭古茶树保护区，由宁波市人民政府落款，并举行了隆重的建碑落成仪式，宁波市人民政府副市长、本会名誉会长陈炳水，本会会长徐杏先为茶树碑揭碑，本会副会长周信浩主持揭碑仪式。

▲2009年5月21日，本会举办宁波东亚茶文化海上茶路研讨会，参加会议的领导有宁波市副市长陈炳水，本会会长徐杏先，副会长柴利能、殷志浩等。日本、韩国、马来西亚以及港澳地区的茶界人士及内地著名茶文化专家100余人参加会议。

▲2009年5月21日，海上茶路纪事碑落成。本会会同宁波市城建、海曙区政府，在三江口古码头遗址时代广场落成海上茶路纪事碑，并举行隆重的揭碑仪式。中国国际茶文化研究会顾问杨招棣，宁波市政协原主席、本会名誉会长叶承垣，宁波市人民政府副市长、本会名誉会长陈炳水，本会会长徐杏先，宁波市政协副主席、本会顾问常敏毅等领导及各界代表人士和外国友人到场，祝贺宁波海上茶路纪事碑落成。

2010年

▲2010年1月8日，由中国国际茶文化研究会、中国茶叶学会、宁波茶文化促进会和余姚市人民政府主办，余姚茶文化促进会承办的中国茶文化之乡授牌仪式暨瀑布仙茗·河姆渡论坛在余姚召开。本会

会长徐杏先、副会长周信浩、副会长兼秘书长殷志浩等领导出席会议。

▲2010年4月20日，本会组编的《千字文印谱》正式出版。该印谱汇集了当代印坛大家韩天衡、李刚田、高式熊等为代表的61位著名篆刻家篆刻101方作品，填补印坛空白，并将成为留给后人的一份珍贵的艺术遗产。

▲2010年4月24日，本会组编的《宁波茶文化书画院成立六周年画师作品集》出版。

▲2010年4月24日，由中国茶叶流通协会、中国国际茶文化研究会、中国茶叶学会三家全国性行业团体和浙江省农业厅、宁波市人民政府共同主办的"第五届·中国宁波国际茶文化节暨第五届世界禅茶文化交流会"在宁波拉开帷幕。出席开幕式的领导有全国政协原副主席胡启立，浙江省人大常委会副主任程渭山，中国国际茶文化研究会常务副会长徐鸿道，中国茶叶流通协会常务副会长王庆，浙江省农业厅副厅长朱志泉，中国茶叶学会副会长江用文，中国国际茶文化研究会副会长沈才土，宁波市委书记巴音朝鲁，宁波市长毛光烈，宁波市政协主席王卓辉，本会会长徐杏先等。会议由宁波市副市长、本会名誉会长陈炳水主持。

▲2010年4月24日，第五届"中绿杯"评比在宁波举行。这是我国绿茶领域内最高级别和权威的评比活动。来自浙江、湖北、河南、安徽、贵州、四川、广西、云南、福建及北京等十余个省（市）271个参赛茶样，经农业部有关部门资深专家评审，评选出金奖50个，银奖50个，优秀奖60个。

▲2010年4月24日下午，第五届世界禅茶文化交流会暨"明州茶论·禅茶东传宁波缘"研讨会在东港喜来登大酒店召开。中国国际茶文化研究会常务副会长徐鸿道、副会长沈才土、秘书长詹泰安、高级顾问杨招棣，宁波市副市长陈炳水，本会会长徐杏先，宁波市政府副秘书长陈少春，本会副会长王桂娣、殷志浩等领导，及浙江省各地（市）茶文化研究会会长兼秘书长，国内外专家学者200多人参加会议。

会后在七塔寺建立了世界禅茶文化会纪念碑。

▲2010年4月24日晚，在七塔寺举行海上"禅茶乐"晚会，海上"禅茶乐"晚会邀请中国台湾佛光大学林谷芳教授参与策划，由本会副会长、七塔寺可祥大和尚主持。著名篆刻艺术家高式熊先生，本会会长徐杏先，宁波市政府副秘书长、本会副会长陈少春，副会长兼秘书长殷志浩等参加。

▲2010年4月24日晚，周大风所作的《宁波茶歌》亮相第五届宁波国际茶文化节招待晚会。

▲2010年4月26日，宁波市第三届茶艺大赛在宁波电视台揭晓。大赛于25日在宁波国际会展中心拉开帷幕，26日晚上在宁波电视台演播大厅进行决赛及颁奖典礼，参加颁奖典礼的领导有：宁波市委副书记陈新，宁波市副市长陈炳水，本会会长徐杏先，宁波市副秘书长陈少春，本会副会长殷志浩，宁波市林业局党委副书记、副局长汤社平等。

▲2010年4月，《宁波茶文化之最》出版。本书由陈炳水副市长作序。

▲2010年7月10日，本会为发扬传统文化，促进社会和谐，策划制作《道德经选句印谱》。邀请著名篆刻艺术家韩天衡、高式熊、刘一闻、徐云叔、童衍方、李刚田、茅大容、马士达、余正、张耕源、黄淳、祝遂之、孙慰祖及西泠印社社员或中国篆刻家协会会员，篆刻创作道德经印章80方，并印刷出版。

▲2010年11月18日，由本会和宁波市老干部局联合主办"茶与健康"报告会，姚国坤教授作"茶与健康"专题讲座。本会名誉会长叶承垣，本会会长徐杏先，副会长兼秘书长殷志浩及市老干部100多人在老年大学报告厅聆听讲座。

2011年

▲2011年3月23日，宁波市明州仙茗茶叶合作社成立。宁波市副

市长徐明夫向明州仙茗茶叶合作社林伟平理事长授牌。本会会长徐杏先参加会议。

▲2011年3月29日，宁海县茶文化促进会成立。本会会长徐杏先、副会长兼秘书长殷志浩等领导到会祝贺。宁海政协原主席杨加和当选会长。

▲2011年3月，余姚市茶文化促进会梁弄分会成立。浙江省首个乡镇级茶文化组织成立。本会副会长兼秘书长殷志浩到会祝贺。

▲2011年4月21日，由宁波茶文化促进会、东亚茶文化研究中心主办的2011中国宁波"茶与健康"研讨会召开。中国国际茶文化研究会常务副会长徐鸿道，宁波市副市长、本会名誉会长徐明夫，本会会长徐杏先，宁波市委宣传部副部长、副会长王桂娣，本会副会长殷志浩、周信浩及150多位海内外专家学者参加。并印刷出版《科学饮茶益身心》论文集。

▲2011年4月29日，奉化茶文化促进会成立。宁波茶文化促进会发去贺信，本会会长徐杏先到会并讲话、副会长兼秘书长殷志浩等领导参加。奉化人大原主任何康根当选首任会长。

2012年

▲2012年5月4日，象山茶文化促进会成立。本会发去贺信，本会会长徐杏先到会并讲话，副会长兼秘书长殷志浩等领导到会。象山人大常委会主任金红旗当选为首任会长。

▲2012年5月10日，第六届"中绿杯"中国名优绿茶评比结果揭晓，全国各省、市250多个茶样，经中国茶叶流通协会、中国国际茶文化研究会等机构的10位权威专家评审，最后评选出50个金奖，30个银奖。

▲2012年5月11日，第六届中国·宁波国际茶文化节隆重开幕。中国国际茶文化研究会会长周国富、常务副会长徐鸿道，中国茶叶流

通协会常务副会长王庆，中国茶叶学会理事长杨亚军，宁波市委副书记王勇，宁波市人大常委会原副主任、本会名誉会长郑杰民，本会会长徐杏先出席开幕式。

▲2012年5月11日，首届明州茶论研讨会在宁波南苑饭店国际会议中心举行，以"茶产业品牌整合与品牌文化"为主题，研讨会由宁波茶文化促进会、宁波东亚茶文化研究中心主办。中国国际茶文化研究会常务副会长徐鸿道出席会议并作重要讲话。宁波市副市长马卫光，本会会长徐杏先，宁波市林业局局长黄辉，本会副会长兼秘书长殷志浩，以及姚国坤、程启坤，日本中国茶学会会长小泊重洋，浙江大学茶学系博士生导师王岳飞教授等出席会议。

▲2012年10月29日，慈溪市茶业文化促进会成立。本会会长徐杏先、副会长兼秘书长殷志浩等领导参加，并向大会发去贺信，徐杏先会长在大会上作了讲话。黄建钧当选为首任会长。

▲2012年10月30日，北仑茶文化促进会成立。本会向大会发去贺信，本会会长徐杏先出席会议并作重要讲话。北仑区政协原主席汪友诚当选会长。

▲2012年12月18日，召开宁波茶文化促进会第三届会员大会。中国国际茶文化研究会常务副会长徐鸿道，秘书长詹泰安，宁波市政协主席王卓辉，宁波市政协原主席叶承垣，宁波市人大常委会副主任宋伟、胡谟敦，宁波市人大常委会原副主任郑杰民、郭正伟，宁波市政协原副主席常敏毅，宁波市副市长马卫光等领导参加。宁波市政府副秘书长陈少春主持会议，本会副会长兼秘书长殷志浩作二届工作报告，本会会长徐杏先作临别发言，新任会长郭正伟作任职报告，并选举产生第三届理事、常务理事，选举郭正伟为第三届会长，胡剑辉兼任秘书长。

2013年

▲2013年4月23日，本会举办"海上茶路·甬为茶港"研讨会，

中国国际茶文化研究会周国富会长、宁波市副市长马卫光出席会议并在会上作了重要讲话。通过了《"海上茶路·甬为茶港"研讨会共识》，进一步确认了宁波"海上茶路"启航地的地位，提出了"甬为茶港"的新思路。本会会长郭正伟、名誉会长徐杏先、副会长兼秘书长胡剑辉参加会议。

▲2013年4月，宁波茶文化博物院进行新一轮招标。宁波茶文化博物院自2004年建立以来，为宣传、展示宁波茶文化发展起到了一定的作用。鉴于原承包人承包期已满，为更好地发挥茶博院展览、展示，弘扬宣传茶文化的功能，本会提出新的目标和要求，邀请中国国际茶文化研究会姚国坤教授、中国茶叶博物馆馆长王建荣等5位省市著名茶文化和博物馆专家，通过竞标，落实了新一轮承包者，由宁波和记生张生茶具有限公司管理经营。本会副会长兼秘书长胡剑辉主持本次招标会议。

2014年

▲2014年4月24日，完成拍摄《茶韵宁波》电视专题片。本会会同宁波市林业局组织摄制电视专题片《茶韵宁波》，该电视专题片时长20分钟，对历史悠久、内涵丰厚的宁波茶历史以及当代茶产业、茶文化亮点作了全面介绍。

▲2014年5月9日，第七届中国·宁波国际茶文化节开幕。浙江省人大常委会副主任程渭山，中国国际茶文化研究会常务副会长徐鸿道，中国茶叶流通协会常务副会长王庆，中国农科院茶叶研究所所长、中国茶叶学会名誉理事长杨亚军，浙江省农业厅总农艺师王建跃，浙江省林业厅总工程师蓝晓光，宁波市委副书记余红艺，宁波市人大常委会副主任、本会名誉会长胡谟敦，宁波市副市长、本会名誉会长林静国，本会会长郭正伟，本会名誉会长徐杏先，副会长兼秘书长胡剑辉等领导出席开幕式，开幕式由宁波市副市长林静国主持，宁波市委

副书记余红艺致欢迎词。最后由程渭山副主任和五大主办单位领导共同按动开幕式启动球。

▲2014年5月9日，第三届"明州茶论"——茶产业转型升级与科技兴茶研讨会，在宁波国际会展中心会议室召开。研讨会由浙江大学茶学系、宁波茶文化促进会、东亚茶文化研究会联合主办，宁波市林业局局长黄辉主持。中国国际茶文化研究会常务副会长徐鸿道，中国茶叶流通协会常务副会长王庆，宁波市副市长林静国等领导出席研讨会。本会会长郭正伟、名誉会长徐杏先、副会长兼秘书长胡剑辉等领导参加。

▲2014年5月9日，宁波茶文化博物院举行开院仪式。浙江省人大常委会副主任程渭山，中国国际茶文化研究会副会长徐鸿道，中国茶叶流通协会常务副会长王庆，本会名誉会长、人大常委会副主任胡谟敦，本会会长郭正伟，名誉会长徐杏先，宁波市政协副主席郑瑜，本会副会长兼秘书长胡剑辉等领导以及兄弟市茶文化研究会领导、海内外茶文化专家、学者200多人参加了开院仪式。

▲2014年5月9日，举行"中绿杯"全国名优绿茶评比，共收到茶样382个，为历届最多。本会工作人员认真、仔细接收封样，为评比的公平、公正性提供了保障。共评选出金奖77个，银奖78个。

▲2014年5月9日晚，本会与宁海茶文化促进会、宁海广德寺联合举办"禅·茶·乐"晚会。本会会长郭正伟、名誉会长徐杏先、副会长兼秘书长胡剑辉等领导出席禅茶乐晚会，海内外嘉宾、有关领导共100余人出席晚会。

▲2014年5月11日上午，由本会和宁波月湖香庄文化发展有限公司联合创办的宁波市篆刻艺术馆隆重举行开馆。参加开馆仪式的领导有：中国国际茶文化研究会会长周国富、秘书长王小玲，宁波市政协副主席陈炳水，本会会长郭正伟、名誉会长徐杏先、顾问王桂娣等领导。开馆仪式由市政府副秘书长陈少春主持。著名篆刻、书画、艺术家韩天衡、高式熊、徐云叔、张耕源、周律之、蔡毅等，以及篆刻、

书画爱好者200多人参加开馆仪式。

▲2014年11月25日，宁波市茶文化工作会议在余姚召开。本会会长郭正伟、名誉会长徐杏先、副会长兼秘书长胡剑辉、副秘书长汤社平以及余姚、慈溪、奉化、宁海、象山、北仑县（市）区茶文化促进会会长、秘书长出席会议。会议由汤社平副秘书长主持，副会长胡剑辉讲话。

▲2014年12月18日，茶文化进学校经验交流会在茶文化博物院召开。本会会长郭正伟、名誉会长徐杏先、副会长兼秘书长胡剑辉、宁波市教育局德育宣传处处长佘志诚等领导参加，本会副会长兼秘书长胡剑辉主持会议。

2015年

▲2015年1月21日，宁波市教育局职成教教研室和本会联合主办的宁波市茶文化进中职学校研讨会在茶文化博物院召开，本会会长郭正伟、名誉会长徐杏先、副会长兼秘书长胡剑辉、宁波市教育局职成教研室书记吕冲定等领导参加，全市14所中等职业学校的领导和老师出席本次会议。

▲2015年4月，本会特邀西泠印社社员、本市著名篆刻家包根满篆刻80方易经选句印章，由本会组编，宁波市政府副市长林静国为该书作序，著名篆刻家韩天衡题签，由西泠印社出版印刷《易经印谱》。

▲2015年5月8日，由本会和东亚茶文化研究中心主办的越窑青瓷与玉成窑研讨会在茶文化博物院举办。中国国际茶文化研究会会长周国富出席研讨会并发表重要讲话，宁波市副市长林静国到会致辞，宁波市政府副秘书长金伟平主持。本会会长郭正伟、名誉会长徐杏先、副会长兼秘书长胡剑辉等领导出席研讨会。

▲2015年6月，由市林业局和本会联合主办的第二届"明州仙茗杯"红茶类名优茶评比揭晓。评审期间，本会会长郭正伟、名誉会长

徐杏先、副会长兼秘书长胡剑辉专程看望评审专家。

▲2015年6月，余姚河姆渡文化田螺山遗址山茶属植物遗存研究成果发布会在杭州召开，本会名誉会长徐杏先、副会长兼秘书长胡剑辉等领导出席。该遗存被与会考古学家、茶文化专家、茶学专家认定为距今6 000年左右人工种植茶树的遗存，将人工茶树栽培史提前了3 000年左右。

▲2015年6月18日，在浙江省茶文化研究会第三次代表大会上，本会会长郭正伟，副会长胡剑辉、叶沛芳等，分别当选为常务理事和理事。

2016年

▲2016年4月3日，本会邀请浙江省书法家协会篆刻创作委员会的委员及部分西泠印社社员，以历代咏茶诗词，茶联佳句为主要内容篆刻创作98方作品，编入《历代咏茶佳句印谱》，并印刷出版。

▲2016年4月30日，由本会和宁海县茶文化促进会联合主办的第六届宁波茶艺大赛在宁海举行。宁波市副市长林静国，本会郭正伟、徐杏先、胡剑辉、汤社平等参加颁奖典礼。

▲2016年5月3—4日，举办第八届"中绿杯"中国名优绿茶评比，共收到来自全国18个省、市的374个茶样，经全国行业权威单位选派的10位资深茶叶审评专家评选出74个金奖，109个银奖。

▲2016年5月7日，举行第八届中国·宁波国际茶文化节启动仪式，出席启动仪式的领导有：全国人大常委会第九届、第十届副委员长、中国文化院院长许嘉璐，浙江省第十届政协主席、全国政协文史与学习委员会副主任、中国国际茶文化研究会会长周国富，宁波市委副书记、代市长唐一军，宁波市人大常委会副主任王建康，宁波市副市长林静国，宁波市政协副主席陈炳水，宁波市政府秘书长王建社，本会会长郭正伟、创会会长徐杏先、副会长兼秘书长胡剑辉等参加。

▲2016年5月8日，茶博会开幕，参加开幕式的领导有：中国国际茶文化研究会会长周国富、本会会长郭正伟、创会会长徐杏先、顾问王桂娣、副会长兼秘书长胡剑辉及各（地）市茶文化研究（促进）会会长等，展会期间96岁的宁波籍著名篆刻书法家高式熊先生到茶博会展位上签名赠书，其正楷手书《陆羽茶经小楷》首发，在博览会上受到领导和市民热捧。

▲2016年5月8日，举行由本会和宁波市台办承办全国性茶文化重要学术会议茶文化高峰论坛。论坛由中国文化院、中国国际茶文化研究会、宁波市人民政府等六家单位主办，全国人大常委会第九届、第十届副委员长、中国文化院院长许嘉璐，中国国际茶文化研究会会长周国富参加了茶文化高峰论坛，并分别发表了重要讲话。宁波市人大常委会副主任王建康、副市长林静国、本会会长郭正伟、创会会长徐杏先、副会长兼秘书长胡剑辉等领导参与论坛，参加高峰论坛的有来自全国各地，包括港、澳、台地区的茶文化专家学者，浙江省各地（市）茶文化研究（促进）会会长、秘书长等近200人，书面和口头交流的学术论文31篇，集中反映了茶和茶文化作为中华优秀传统文化的组成部分和重要载体，讲好当代中国茶文化的故事，有利于助推"一带一路"建设。

▲2016年5月9日，本会副会长兼秘书长胡剑辉和南投县商业总会代表签订了茶文化交流合作协议。

▲2016年5月9日下午，宁波茶文化博物院举行"清茗雅集"活动。全国人大常委会第九届、第十届副委员长、中国文化院院长许嘉璐、著名篆刻家高式熊等一批著名人士亲临现场，本会会长郭正伟、创会会长徐杏先、副会长兼秘书长胡剑辉、顾问王桂娣等领导参加雅集活动。雅集以展示茶席艺术和交流品茗文化为主题。

2017年

▲2017年4月2日，本会邀请由著名篆刻家、西泠印社名誉副社

长高式熊先生领衔，西泠印社副社长童衍方，集众多篆刻精英于一体创作而成52方名茶篆刻印章，本会主编出版《中国名茶印谱》。

▲2017年5月17日，本会会长郭正伟、创会会长徐杏先、副会长兼秘书长胡剑辉等领导参加由中国国际茶文化研究会、浙江省农业厅等单位主办的首届中国国际茶叶博览会并出席中国当代文化发展论坛。

▲2017年5月26日，明州茶论影响中国茶文化史之宁波茶事国际学术研讨会召开。中国国际茶文化研究会会长周国富出席并作重要讲话，秘书长王小玲、学术研究会主任姚国坤教授等领导及浙江省各地（市）茶文化研究会会长、秘书长，国内外专家学者参加会议。宁波市副市长卞吉安，本会名誉会长、人大常委会副主任胡谟敦，本会会长郭正伟，创会会长徐杏先，副会长兼秘书长胡剑辉等领导出席会议。

2018年

▲2018年3月20日，宁波茶文化书画院举行换届会议，陈亚非当选新一届院长，贺圣思、叶文夫、戚颢担任副院长，聘请陈启元为名誉院长，聘请王利华、何业琦、沈元发、陈承豹、周律之、曹厚德、蔡毅为顾问，秘书长由麻广灵担任。本会创会会长徐杏先，副会长兼秘书长胡剑辉，副会长汤社平等出席会议。

▲2018年5月3日，第九届"中绿杯"中国名优绿茶评比结果揭晓。共收到来自全国17个省（市）茶叶主产地的337个名优绿茶有效样品参评，经中国茶叶流通协会、中国国际茶文化研究会等机构的10位权威专家评审，最后评选出62个金奖，89个银奖。

▲2018年5月3日晚，本会与宁波市林业局等单位主办，宁波市江北区人民政府、市民宗局承办"禅茶乐"茶会在宝庆寺举行，本会会长郭正伟、副会长汤社平等领导参加，有国内外嘉宾100多人参与。

▲2018年5月4日，明州茶论新时代宁波茶文化传承与创新国际学术研讨会召开。出席研讨会的有中国国际茶文化研究会会长周国富、

秘书长王小玲，宁波市副市长卞吉安，本会会长郭正伟、创会会长徐杏先以及胡剑辉等领导，全国茶界著名专家学者，还有来自日本、韩国、澳大利亚、马来西亚、新加坡等专家嘉宾，大家围绕宁波茶人茶事、海上茶路贸易、茶旅融洽、茶商商业运作、学校茶文化基地建设等，多维度探讨习近平新时代中国特色社会主义思想体系中茶文化的传承和创新之道。中国国际茶文化研究会会长周国富作了重要讲话。

▲2018年5月4日晚，本会与宁波市文联、市作协联合主办"春天送你一首诗"诗歌朗诵会，本会会长郭正伟、创会会长徐杏先、副会长兼秘书长胡剑辉等领导参加。

▲2018年12月12日，由姚国坤教授建议本会编写《宁波茶文化史》，本会创会会长徐杏先、副会长兼秘书长胡剑辉、副会长汤社平等，前往杭州会同姚国坤教授、国际茶文化研究会副秘书长王祖文等人研究商量编写《宁波茶文化史》方案。

2019年

▲2019年3月13日，《宁波茶通典》编撰会议。本会与宁波东亚茶文化研究中心组织9位作者，研究落实编撰《宁波茶通典》丛书方案，丛书分为《茶史典》《茶路典》《茶业典》《茶人物典》《茶书典》《茶诗典》《茶俗典》《茶器典·越窑青瓷》《茶器典·玉成窑》九种分典。该丛书于年初启动，3月13日通过提纲评审。中国国际茶文化研究会学术委员会副主任姚国坤教授、副秘书长王祖文，本会创会会长徐杏先、副会长胡剑辉、汤社平等参加会议。

▲2019年5月5日，本会与宁波东亚茶文化研究中心联合主办"茶庄园""茶旅游"暨宁波茶史茶事研讨会召开。中国国际茶文化研究会常务副会长孙忠焕、秘书长王小玲、学术委员会副主任姚国坤、办公室主任戴学林，浙江省农业农村厅副巡视员吴金良，浙江省茶叶集团股份有限公司董事长毛立民，中国茶叶流通协会副会长姚静波，

宁波市副市长卞吉安、宁波市人大原副主任胡谟敦，本会会长郭正伟、创会会长徐杏先、宁波市农业农村局局长李强、本会副会长兼秘书长胡剑辉、副会长汤社平等领导，以及来自日本、韩国、澳大利亚及我国香港地区的嘉宾，宁波各县（市）区茶文化促进会领导、宁波重点茶企负责人等200余人参加。宁波市副市长卞吉安到会讲话，中国茶叶流通协会副会长姚静波、宁波市文化广电旅游局局长张爱琴，作了《弘扬茶文化　发展茶旅游》等主题演讲。浙江茶叶集团董事长毛立民等9位嘉宾，分别在研讨会上作交流发言，并出版《"茶庄园""茶旅游"暨宁波茶史茶事研讨会文集》，收录43位专家、学者44篇论文，共23万字。

▲2019年5月7日，宁波市海曙区茶文化促进会成立。本会会长郭正伟、创会会长徐杏先、副会长兼秘书长胡剑辉、副会长汤社平到会祝贺。宁波市海曙区政协副主席刘良飞当选会长。

▲2019年7月6日，由中共宁波市委组织部、市人力资源和社会保障局、市教育局主办、本会及浙江商业技师学院共同承办的"嵩江茶城杯"2019年宁波市"技能之星"茶艺项目职业技能竞赛，取得圆满成功。通过初赛，决赛以"明州茶事·千年之约"为主题，本会创会会长徐杏先、副会长兼秘书长胡剑辉、副会长汤社平等领导出席决赛颁奖典礼。

▲2019年9月21—27日，由本会副会长胡剑辉带领各县（市）区茶文化促进会会长、秘书长和茶企、茶馆代表一行10人，赴云南省西双版纳、昆明、四川成都等重点茶企业学习取经、考察调研。

2020年

▲2020年5月21日，多种形式庆祝"5·21国际茶日"活动。本会和各县（市）区茶促会以及重点茶企业，在办公住所以及主要街道挂出了庆祝标语，让广大市民了解"国际茶日"。本会还向各县（市）

区茶促会赠送了多种茶文化书籍。本会创会会长徐杏先、副会长兼秘书长胡剑辉参加了海曙区茶促会主办的"5·21国际茶日"庆祝活动。

▲2020年7月2日，第十届"中绿杯"中国名优绿茶评比，在京、甬两地同时设置评茶现场，以远程互动方式进行，两地专家全程采取实时连线的方式。经两地专家认真评选，结果于7月7日揭晓，共评选出特金奖83个，金奖121个，银奖15个。本会会长郭正伟、创会会长徐杏先、副会长兼秘书长胡剑辉参加了本次活动。

2021年

▲2021年5月18日，宁波茶文化促进会、海曙茶文化促进会等单位联合主办第二届"5·21国际茶日"座谈会暨月湖茶市集活动。参加活动的领导有本会会长郭正伟、创会会长徐杏先、副会长兼秘书长胡剑辉及各县（市）区茶文化促进会会长、秘书长等。

▲2021年5月29日，"明州茶论·茶与人类美好生活"研讨会召开。出席研讨会的领导和嘉宾有：中国工程院院士陈宗懋，中国国际茶文化研究会副会长沈立江、秘书长王小玲、办公室主任戴学林、学术委员会副主任姚国坤，浙江省茶叶集团股份有限公司董事长毛立民，浙江大学茶叶研究所所长、全国首席科学传播茶学专家王岳飞，江西省社会科学院历史研究所所长、《农业考古》主编施由明等，本会会长郭正伟、创会会长徐杏先、名誉会长胡谟敦，宁波市农业农村局局长李强，本会副会长兼秘书长胡剑辉等领导及专家学者100余位。会上，为本会高级顾问姚国坤教授颁发了终身成就奖。并表彰了宁波茶文化优秀会员、先进企业。

▲2021年6月9日，宁波市鄞州区茶文化促进会成立，本会会长郭正伟出席会议并讲话、创会会长徐杏先到会并授牌、副会长兼秘书长胡剑辉等领导到会祝贺。

▲2021年9月15日，由宁波市农业农村局和本会主办的宁波市第

五届红茶产品质量推选评比活动揭晓。通过全国各地茶叶评审专家评审，推选出10个金奖，20个银奖。本会会长郭正伟、创会会长徐杏先、副会长兼秘书长胡剑辉到评审现场看望评审专家。

▲2021年10月25日，由宁波市农业农村局主办，宁波市海曙区茶文化促进会承办，天茂36茶院协办的第三届甬城民间斗茶大赛在位于海曙区的天茂36茶院举行。本会创会会长徐杏先，本会副会长刘良飞等领导出席。

▲2021年12月22日，本会举行会长会议，首次以线上形式召开，参加会议的有本会正、副会长及各县（市）区茶文化促进会会长、秘书长，会议有本会副会长兼秘书长胡剑辉主持，郭正伟会长作本会工作报告并讲话；各县（市）区茶文化促进会会长作了年度工作交流。

▲2021年12月26日下午，中国国际茶文化研究会召开第六次会员代表大会暨六届一次理事会议以通信（含书面）方式召开。我会副会长兼秘书长胡剑辉参加会议，并当选为新一届理事；本会创会会长徐杏先、本会常务理事林宇晧、本会副秘书长竺济法聘请为中国国际茶文化研究会第四届学术委员会委员。

（周海珍　整理）

后记

2019年初，宁波茶文化促进会组织开展《宁波茶通典》编著工作，我非常荣幸参与分典《茶业典》的起草撰写，同时也倍感压力和责任，着手收集查找资料、构建提纲章节、编辑图文内容等工作。《茶业典》撰写过程中认真严谨，仔细核查梳理编制内容，历时两年多才完成，全书内容丰富，资料翔实，图文并茂，努力体现宁波特色，比较全面和系统地记录了宁波茶业多方面的发展历程，编著过程对我来说也是一次难得的学习机会。

深深感谢姚国坤教授、竺济法老师在编写过程中给予的诸多指导，以及中国农业出版社的青睐。徐沁怡、曹帆、朱梦雨帮忙开展文字校对工作，对所有涉及本书有过帮助和贡献者，在此恕不能一一感谢。

本书努力如实记录宁波茶业发展历程与现状，若能为茶叶爱好者、从业者、研究者和关心者提供一些便利和帮助，为宁波茶业发展进步发挥一点作用，就是最大的欣慰。由于作者水平见识有限，知识积累不足，文字功底浅薄，难免存在错误和遗漏之处，恳请读者谅解、指正，留待将来补编完善。

韩　震

2021年8月

图书在版编目（CIP）数据

茶业典 / 宁波茶文化促进会组编；韩震著. —北
京：中国农业出版社，2023.9
（宁波茶通典）
ISBN 978-7-109-31212-8

Ⅰ.①茶…　Ⅱ.①宁…②韩…　Ⅲ.①茶文化—文化
史—宁波　Ⅳ.①TS971.21

中国国家版本馆CIP数据核字（2023）第194509号

茶业典
CHAYE DIAN

中国农业出版社出版
地址：北京市朝阳区麦子店街18号楼
邮编：100125
特约专家：穆祥桐　　责任编辑：姚　佳　王佳欣
责任校对：刘丽香
印刷：北京中科印刷有限公司
版次：2023年9月第1版
印次：2023年9月北京第1次印刷
发行：新华书店北京发行所
开本：700mm×1000mm　1/16
印张：15.75
字数：212千字
定价：88.00元